# 实战深度学习
## ——原理、框架及应用

邓劲生 庄春华 编著

清华大学出版社
北 京

## 内 容 简 介

本书系统、全面地覆盖了深度学习的主要原理、框架及应用，介绍了深度学习的概念、主流工具及框架，分析了神经网络原理并用程序实现，对卷积神经网络、循环神经网络和生成对抗网络等常用的深度学习模型进行了演练。在此基础上展开基于深度学习的目标检测、图像分割、人脸识别、文本自动生成等应用场景，为读者提供了从理论学习到工程实践的全貌视图。

本书适合高等学校计算机、软件工程、人工智能等本专科专业教学使用，也适合作为对实际使用深度学习感兴趣的研究生、工程师和研究人员的学习资料。

**本书封面贴有清华大学出版社防伪标签，无标签者不得销售。**
**版权所有，侵权必究。举报：010-62782989，beiqinquan@tup.tsinghua.edu.cn。**

**图书在版编目(CIP)数据**

实战深度学习：原理、框架及应用/邓劲生，庄春华编著.—北京：清华大学出版社，2021.1(2022.3重印)
ISBN 978-7-302-56707-3

Ⅰ.①实… Ⅱ.①邓… ②庄… Ⅲ.①机器学习 Ⅳ.①TP181

中国版本图书馆 CIP 数据核字(2020)第 203012 号

**责任编辑**：白立军
**封面设计**：傅瑞学
**责任校对**：徐俊伟
**责任印制**：沈　露

**出版发行**：清华大学出版社
**网　　址**：http://www.tup.com.cn，http://www.wqbook.com
**地　　址**：北京清华大学学研大厦 A 座　　**邮　　编**：100084
**社 总 机**：010-83470000　　**邮　　购**：010-83470235
**投稿与读者服务**：010-62776969，c-service@tup.tsinghua.edu.cn
**质量反馈**：010-62772015，zhiliang@tup.tsinghua.edu.cn
**课件下载**：http://www.tup.com.cn，010-83470236
**印 装 者**：北京国马印刷厂
**经　　销**：全国新华书店
**开　　本**：185mm×260mm　　**印　　张**：11.5　　**字　　数**：276 千字
**版　　次**：2021 年 1 月第 1 版　　**印　　次**：2022 年 3 月第 3 次印刷
**定　　价**：45.00 元

---

**产品编号**：088688-01

# 前　言

近十年来，伴随着世界范围内大数据和人工智能的迅猛发展，机器学习中的深度学习一路凯歌高进，在社会生活中的各个领域大放异彩。在为新生应用提供核心算法模型的同时，又渗透到对传统流程的再造之中，潜移默化地影响着人们身边的多个方面。即将到来的智能化浪潮，其所依赖的大数据、深度学习算法和强算力，使得许多传统问题有了新的解决方法和思路。

当前，在信息技术、无人服务和互联网等新兴领域，越来越多的工程师运用深度学习技术来强化产品功能、提升产品性能。在公共安全、金融保险、卫生医疗、文化教育等传统领域，越来越多的从业者正积极地设法引入深度学习技术，掀起新一轮的技术革命。在大量的应用需求牵引下，日益增多的学习者正在加入到深度学习的热潮中。他们可能来自于计算机、电子工程、数学、软件工程等相关专业，也可能从其他专业跨界而来。

对深度学习的研究，需要常怀敬畏之心。很多人把深度学习理解成一个“黑匣子”，知其然而不知其所以然。但是，深度学习提供了从感知到认知的过渡，以及知识的表达和形成过程。从应用角度来看，各个行业面临的主要挑战其实是如何通过深度学习来真正理解现实世界。虽然很多问题已经可以在一定程度上运用深度学习技术来解决，例如图像识别和语音合成，但是现在迫切需要可解释的人工智能技术，尤其是金融和医疗等传统领域，更需要关心其工作原理而非仅仅是其输出。

作为前沿交叉学科的研究人员，我们认为，如果要将深度学习技术应用到传统领域并真正发挥作用，仍然需要剖析深度学习背后的理论、原则和数学依据。为此，基于多年积累的丰富的领域知识和经验，以及数据和场景，团队正在研究深度学习的理论问题，例如可解释性、泛化能力和知识表达。

本书最初起源于团队自身建设的能力提升所需。我们整理了深度学习的数学基础、主流工具和框架，对常用的深度学习模型进行了演练，并收集了一批当前热门的应用案例作为实战化操作练习。这本材料随着团队新生力量的增加而不断更新，多次被作为培训教材使用且反响良好，才促使萌生推向市场的念头。

本书系统、全面地覆盖了深度学习的主要原理、方法和应用实践。主要分为 3 部分：第一部分(第 1～3 章)是基础知识和算法实战，包括深度学习概念、主流工具及框架，展开分析了神经网络的原理及实现。第二部分(第 4～6 章)是常用的深度学习模型，对卷积神经网络、循环神经网络、生成对抗网络进行了演练。第三部分(第 7～11 章)通过具体应用场景，详细分析了基于深度学习的目标检测、图像分割、人脸识别和文本自动生成等当前热点综合案例，展示如何在实际中解决问题。

本书构建了一套明晰的深度学习体系，同时各章内容相对独立，并提供全套课件、源代码、数据集和使用说明等学习资源。读者不要求有深度学习或者机器学习的背景知识，只需具备基本的数学和编程知识，如基础的线性代数、微分、概率及 Python 编程知识。

本书是跨域大数据智能分析与应用省级重点实验室团队协同努力的成果，由邓劲生和庄春华负责搭建整体框架确定实战内容、组织验证应用和调度实施，前6章初稿主要由熊炜林执笔，后5章初稿主要由王良执笔，乔凤才、尹晓晴、宋省身、赵涛、李勐等参与了文稿修改和部分章节的编写，田野制作了课程课件，黎珍、刘娟、张智超、陶应娟等进行实例验证，伏西平、李勐等参与试点应用。部分内容来自于参考文献和网络资源转载，未能逐一溯源和说明引用，特在此表示感谢。

由于深度学习正处于蓬勃发展之中，而作者的自身水平、理解能力、项目经验和表达能力有限，书中难免存在一些错误和不足之处，还望各位读者不吝赐教。除了配套源代码和数据集之外，本书还备有全套教学课件可供参考，欢迎将本书选作教材的老师垂询和交流。

作　者

2020年6月于砚瓦池

# 目　　录

# 第1章　深度学习初识

深度学习(Deep Learning)是机器学习(Maching Learning,ML)的一种,而机器学习是实现人工智能的必经路径。深度学习的概念最初于 2006 年提出,源于人工神经网络的研究。深度学习通过组合低层特征形成更加抽象的高层表示属性类别或特征,以发现数据的分布式特征表示。研究深度学习的动机在于建立模拟人脑进行分析学习的神经网络,它模仿人脑的机制来解释数据,例如图像、声音和文本等。

## 1.1　什么是深度学习

相较于深度学习,"机器学习"目前出现的频率可能会更高一点。机器学习是人工智能中的一个分支,旨在研究怎样使用计算的技术手段,利用经验自动获得动作参数,进而改善计算机系统自身的性能。机器学习通过不断地训练,从经验中获取知识,它不是通过人为向机器输入知识的操作方式,而是通过算法以自身学习所需知识的方法。对于传统机器的学习算法,"经验"一般来说是指身上具有"特征"的数据。因此,传统机器学习算法所做的事情是借助这些有"特征"的数据来构建"模型"。从广义上来分析机器学习,它其实是从已知数据中获得规律,并利用规律对未知数据进行预测的方法。

深度学习所使用的学习算法,将数据的原始形态作为输入,然后将原始数据逐层抽象成最终特征表示,而这种特征表示正是自身任务所需的,最后以特征到任务目标的映射作为结束。简单地说,深度学习是学习数据表示的多级方法。

深度学习是学习样本数据的内在规律和表示层次,从这些学习过程中获得的信息,对理解诸如文字、图像和声音等数据,有很大的帮助。它的最终目标是让机器能够像人一样具有分析学习能力,能够识别日常生活中这些非结构化数据。深度学习是一个复杂的机器学习算法,在语音和图像识别方面取得的效果,远远超过先前相关技术。

### 1.1.1　深度学习与机器学习的关系

谈到机器学习,人们一般都会联想到图灵。机器学习的概念来源于图灵的一个问题:对于计算机而言,除了"命令它做的任何事情"之外,它是否能够自我学习执行特定任务?计算机能否让人大吃一惊?如果没有程序员精心编写的数据处理规则,计算机能否通过观察数据自己学会这些规则呢?

图灵的这个问题引出了一种新的编程方式。在最初的编程设计中,输入的是规则以及需要根据这些规则处理的数据,系统输出的就是答案。然而,利用机器学习,输入的是数据和从这些数据中预期得到的答案,系统输出的是规则。这些规则随后可应用于新的数据,并使得计算机能够通过这些规则自主生成答案,如图 1-1 所示。

深度学习是机器学习的一个分支,随着深度学习的指数级发展,最新的算法已经远远超

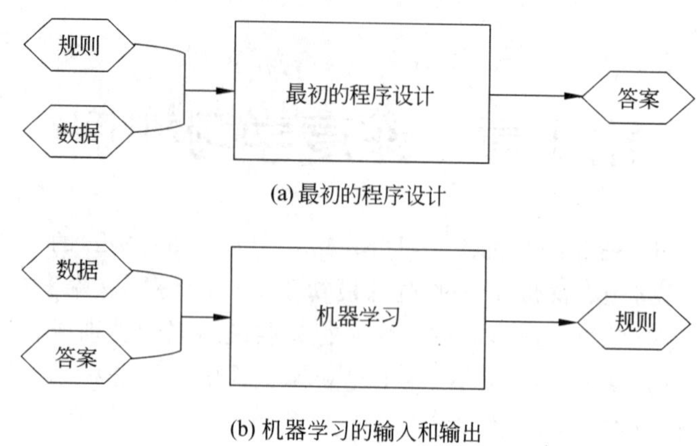


图 1-1 机器学习与最初的程序设计

过了之前传统的机器学习算法对于数据的预测和分类精度。

### 1.1.2 深度学习与人工智能的关系

20 世纪 50 年代，人工智能的概念被人们提出，当时计算机科学这一新领域的少数先驱开始提出疑问：计算器能否进行"思考"？直至今日，人们仍然在探索这个问题的答案。人工智能的简单定义如下：努力将通常由人类完成的智力任务自动化。人工智能是一个综合性的领域，不仅包括机器学习和深度学习，还包括更多不涉及学习的方法，由此可见三者关系如图 1-2 所示，人工智能包含机器学习，而深度学习是机器学习的分支之一，三者是包含与被包含的关系。

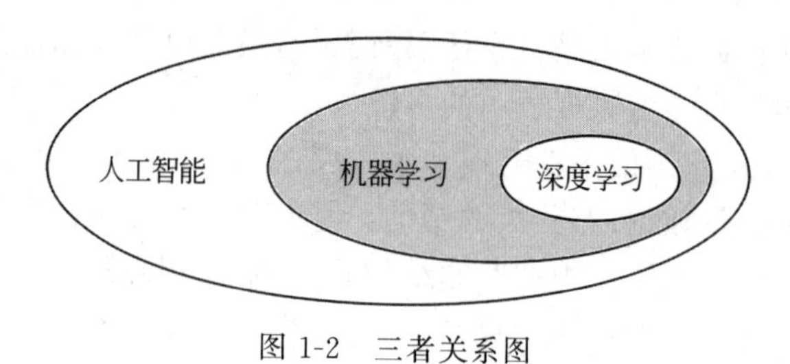


图 1-2 三者关系图

### 1.1.3 深度学习的应用案例

#### 1. 机器人

深度学习技术的突破使得机器人的复杂感知变为可能。Google 公司使用深度神经网络训练机械臂，根据摄像头的输入和传动命令抓取物体，同时根据当前机械臂的状态及时纠正位置从而便于抓取目标物体，如图 1-3 所示。在最初使用机器人抓取物体时，还不能做到准确地抓取物体，从而导致物体掉落，亦或打翻周围的物体。但是在进行了将近 3000 小时的训练后，经过约 80 万次的抓取尝试，机器人的机械臂抓取物体的错误率大大降低，基本上能够准确地抓取目标物体。

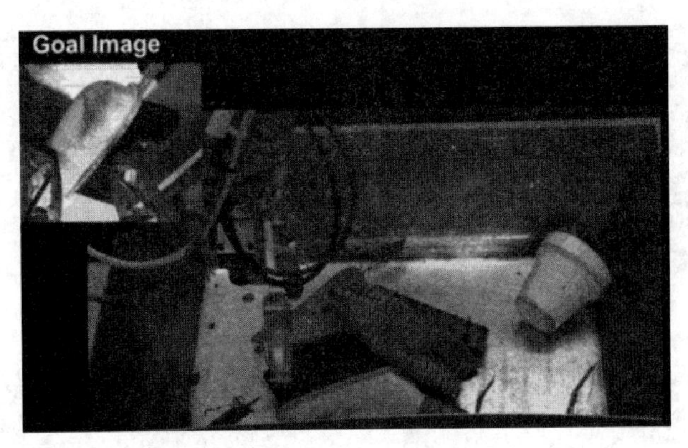


图 1-3 机器人抓取物体

**2. 医疗诊断**

21世纪初,IBM公司的机器人沃森开始使用深度学习技术对医学知识进行学习和研究。沃森机器人在经历了4年的训练后,学习了大量的医学教科书、期刊和文献,然后沃森开始被运用在临床上,并能向医生提出建议。

深度学习将会慢慢运用到医学的各个领域,例如可提供临床诊断辅助系统等医疗服务,应用于早期的诊断、康复、手术风险评估场景等;可进行医学影像识别,帮助医生更快、更准确地读取病人影像;可利用医疗中的大数据,帮助医疗机构进行大数据的可视化等。

**3. 图像处理**

为了能更好地检索图片,需要记下与图片有关联的信息,其中每张图片在系统内部或外部都需要标注,编写与图像相关的摘要。如图1-4所示,通过深度学习技术可以对图像进行分类、目标检测、语义分割、实时分割等。如果用户未填写相关信息,深度学习还可以帮助用户进行信息补充,给予充分的信息提示功能。对于图片数据库后台系统管理人员来说,深度学习可以帮助数据库管理员填写与真实图片相关的内容,以便于数据后续的利用。这无疑为后继应用带来更多有效的数据,可以去展开数据分析和数据挖掘。

**4. 自动驾驶**

自动驾驶主要运用感知和控制技术,自动驾驶系统主要由环境感知、决策协同、控制执行组成,如图1-5所示。目前自动驾驶应用的场景很多,在未来几年内会发生巨大的进步。现有成熟的感知系统所能完成的功能不能满足自动驾驶的需求,但是基于深度学习的感知算法相较于传统的感知,能够助力自动驾驶,可以在无人类主动的控制下,进行安全的自动操作。不仅如此,使用深度学习还可以测量地面,能够精确地识别出不同的光照、场景、时间、地点、形状的车前物体以及障碍等。除此之外,在检测出行人、路面障碍、行驶标志牌等的基础上,可以通过这些信息去制作高精度地图,从而提供底层的信息驱动以强化自动驾驶的控制。

（a）图像分类

（b）目标检测

（c）语义分割

（d）实时分割

图 1-4　图像处理

图 1-5　自动驾驶

## 1.2　机器学习初识

### 1.2.1　机器学习概述

机器学习是指通过机器——计算机进行“学习”，所谓“学习”就是从历史数据中找出规律。机器学习的主体是机器，已经摒弃了对人的依赖，它能从大量已有的数据中，不断积累知识并找出规律，从而形成“经验”，数据量越大，找出的规律越精准，得到的“经验”也就越成熟。

机器学习已经应用于多个领域，在此分享一个非常有趣的例子——啤酒和纸尿片的例子，该案例中运用到的就是机器学习中的关联规则。沃尔玛拥有世界上最大的数据仓库系统，为了了解顾客购买的习惯，沃尔玛对顾客购买商品的数据进行了分析，发现了“与纸尿片一起购买最多的商品是啤酒”，于是有了纸尿片和啤酒摆在一起出售的事例。

机器学习还有许多典型应用，如预测天气、信息安全、实时翻译和智慧机器人等。

### 1.2.2 机器学习的分支

机器学习方法是计算机利用已有的数据（经验），得出了某种模型（迟到的规律），并利用此模型预测未来（是否迟到）的一种方法。从广义上来说，机器学习是一种能够赋予机器学习的能力以此让它完成直接编程无法完成的功能的方法。但从实践的意义上来说，机器学习是一种通过利用数据，训练出模型，然后使用模型预测的一种方法。图1-6为常见的机器学习类型。

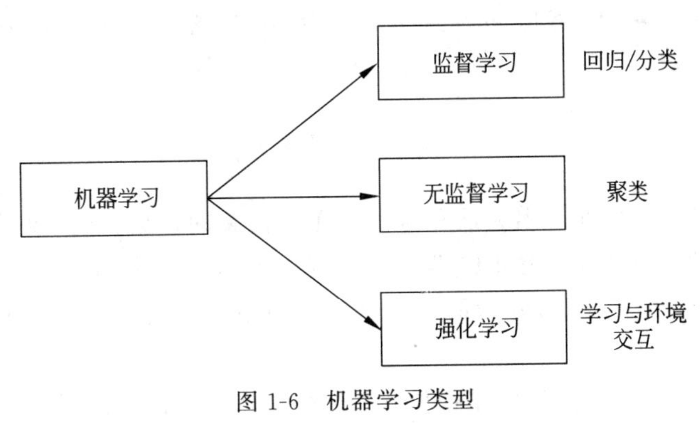


图1-6 机器学习类型

#### 1. 监督学习

据有关调查显示，大多数的数据科学家都在使用监督学习。那么什么是监督学习呢？监督学习是指这样的一种情况：假如存在一些具有解释特性的输入变量（$X$），经过训练后，得到带有与训练样本相关联的标签的输出变量（$Y$），这一过程称作监督学习。监督学习算法是一个从输入变量（$X$）到输出变量（$Y$）的映射函数，即式(1-1)所示：

$$Y = f(X) \tag{1-1}$$

从而可以得到结论，监督学习算法是尝试近似地学习从输入变量（$X$）到输出变量（$Y$）的映射，以便后续可以使用它来预测未知样本的$Y$的值。

如图1-7所示为监督数据科学系统的典型工作流程。这种学习称为监督学习，因为每个训练样本都做好标记，然后通过训练，来预测新数据的类型或者值，在学习过程中受一个监督者监督。在监督学习的过程中，算法在训练样本上做决策，然后监督者根据数据的正确标签进行修改和调整，当监督学习算法达到一个可接受的准确率水平后，整个学习过程就会终止。

#### 2. 无监督学习

无监督学习是学习中第二种最常见的学习方式，它与监督学习有所不同。在这种类型的学习中，数据只给出了解释性特征或输入变量（$X$），输入变量没有任何标记或相应的标签，样本数据的类别未知，需要根据样本间的相似性进行分类。无监督学习算法的目标是收

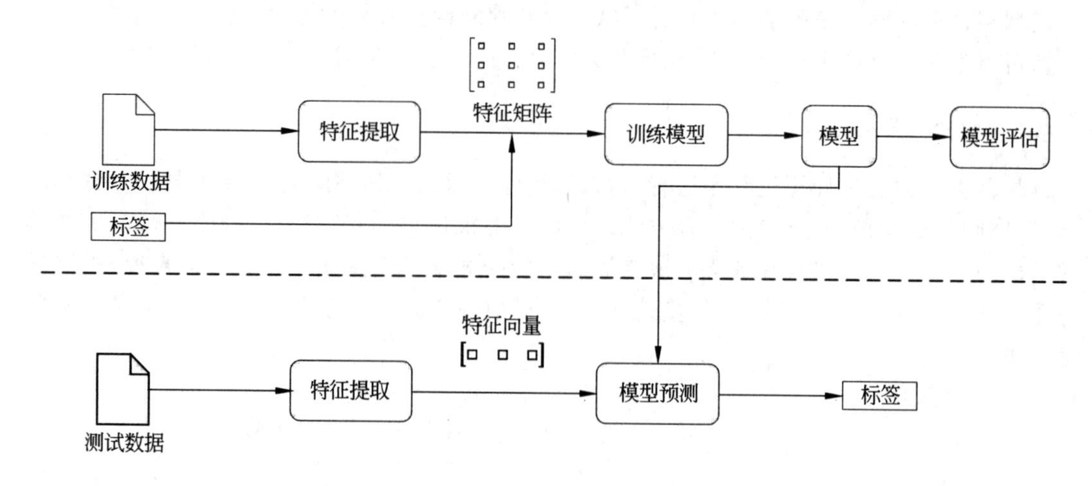


图 1-7　监督学习

集信息中隐藏的结构和特性。因为没有与训练样本相关的标记，所以这种学习称为无监督学习。无监督学习是一个没有修正的学习过程，它将尝试自行找到基本结构。

无监督学习可以进一步划分为两种形式：一种是聚类任务，另一种是关联规则学习任务。

（1）聚类任务：将相类似的数据集中，划分为若干个不相交的子集，每个子集为一类。例如，数据中含有矿物质，将不同的矿物质，根据其含量相似来划分。

（2）关联规则学习任务：反映一个事物和其他事物之间的相互依存性和关联性，可以从大量数据中，发掘一些能够描述数据项之间关系的规则，例如，观看电影 $X$ 的人群倾向于观看电影 $Y$。

下面举一个简单的示例来说明无监督学习，这个例子中某数据集中包含一堆分散的有相似元素的物体，尝试把有相似的元素的物体划分在一块，形成一类或一簇，如图 1-8 所示。

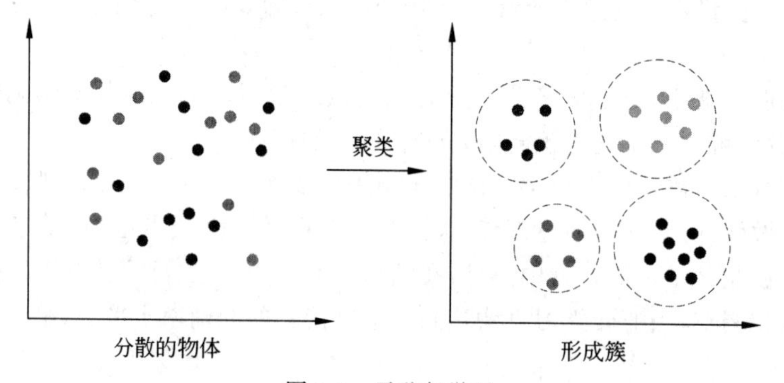


图 1-8　无监督学习

其过程类似于聚类问题，即可描述为：假设给定数据集 $X=\{x_1,x_2,\cdots,x_n\}$，通过某种聚类算法对数据集进行一个划分，得到聚类结果 $U=\{U_1,U_2,\cdots,U_k\}$，其中 $U_i$ 为 $X$ 的子集，每一个子集 $U_i$ 称为簇，且每一个子集都至少包含一个数据对象 $x_i$，即式(1-2)和式(1-3)

所示。

$$U_1 \cup U_2 \cup \cdots \cup U_k = X \tag{1-2}$$

$$U_i \cup U_j = \varnothing \text{ 且 } i \neq j \tag{1-3}$$

**3. 半监督学习**

半监督学习是监督学习和无监督学习相互结合的一种学习方法，也可以说是介于两者之间的一种学习类型。该方法具体步骤为首先使用大量未标记的数据以及同时使用标记的数据($X$)进行训练，然后对输出变量($Y$)进行预测，如图1-9所示。该方法要求尽量减少人员来从事工作，但同时又能达到较高准确率的结果。

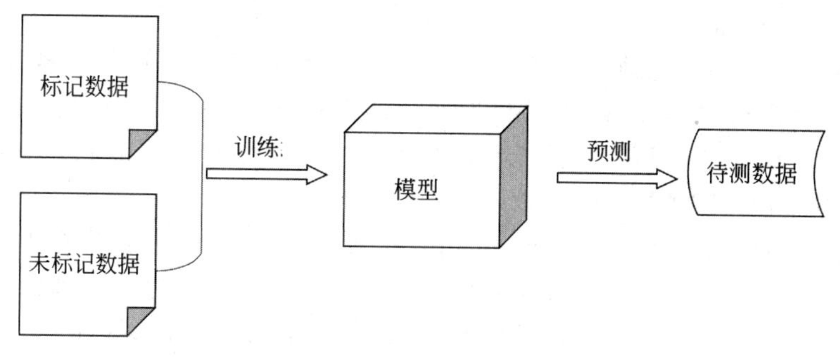


图1-9　半监督学习

了解半监督学习有一个很好的方法，就是研究Flickr图片分享网站。Flickr网站拥有庞大的数据图片资源，但是只有其中的小部分图片贴了标签，如狗、落日和海洋等，还有许多图片都没有标签。若要解决半监督的学习任务，开发人员可以从下面两种方法选择一种或者同时使用两者。

(1) 监督学习：在给定训练数据的情况下，分析训练数据，得出模型参数，然后将测试数据输入模型当中，以此来预测结果。

(2) 无监督学习：样本数据类型未知，使用无监督学习算法根据样本间的相似性对样本进行分类，使得类内的“距离”最小化，类间的“距离”最大化，就好像没有任何标记去训练样本一样。

**4. 强化学习**

强化学习又称再励学习、评价学习或增强学习，是机器学习的最后一种学习类型。强化学习强调如何基于环境而行动，达到预期利益最大化的目的，简而言之就是使得获得最多累计奖励。

强化学习算法会在没有任何标签的情况下，尝试做出一个决策得到一个结果，接着获得一个奖励信号，这个信号用于指出这个决策是否正确，然后进行一个反馈以调整之前的行为，就是这样不断地进行调整，使得最终学习的结果最好。

此外，这个监督反馈或奖励信号可能不会立即出现，而是会有一定的延迟。例如，该算法现在做出决策，但是过了一段时间后，奖励信号才能指出该决策是好还是坏。

# 1.3 神经网络初识

了解深度学习,必须首先学习神经网络,因为神经网络是深度学习的基础。神经网络是利用计算机技术仿真生物神经网络仿真的衍生物。现代的神经网络是依靠计算机的基本计算单元去重构现实世界中生物神经网络的一种技术。

## 1.3.1 神经网络的来源

神经网络的灵感来源于生物神经网络,所以可以通过生物神经网络来了解什么是神经网络。

生物神经网络指的是大脑通过神经元及其连接等组成的复杂网络,人类的大脑大约由140亿个神经元构成。这样看来,想简单地通过计算机模拟多于人脑神经元个数来实现比人更智慧的机器人,似乎不可能。神经元是神经系统的结构和基本单位,由细胞体、树突和轴突等构成,其结构如图1-10所示。

生物电信号的传递与处理主要发生在树突和轴突附近。神经元的细胞体通过轴突将生物电信号传递到突触前膜,当信号超过阈值时,突触前膜向突触间隙释放神经递质——乙酰胆碱,对相邻的神经细胞产生兴奋或抑制作用,生物神经网络如图1-11所示。

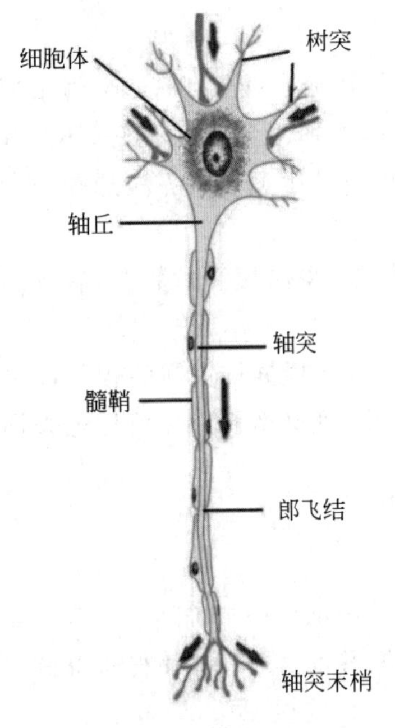


图1-10 神经元结构

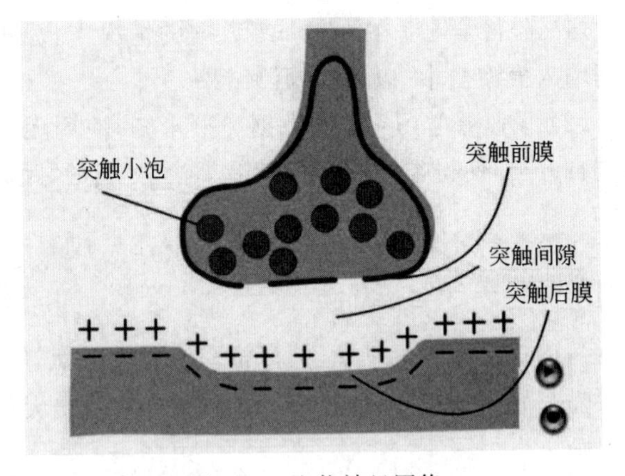


图1-11 生物神经网络

## 1.3.2 人工神经网络与神经元模型

众所周知,人工神经网络是对生物神经网络的模拟。在20世纪中叶,神经生物学家

Warren McCulloch 和逻辑生物学家 Walter Pitts 提出了 M-P 神经元模型。当输入神经元的生物电位超过阈值时，神经元就被激活，向其他神经元传递乙酰胆碱。从这个模型发展过来的感知机模型可以解决简单的逻辑操作与(AND)、或(OR)、非(NOT)，但不能实现异或(XOR)逻辑。M-P 神经元模型如图 1-12 所示。

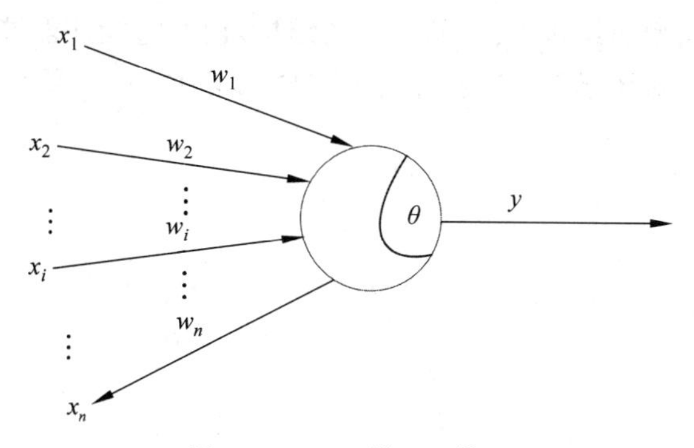


图 1-12　M-P 神经元模型

其中，$x_i$ 来自第 $i$ 个神经元的输入，$w_i$ 为第 $i$ 个神经元的连接权重，$\theta$ 为神经元的激活阈值，输出值 $y$ 如式(1-4)所示。

$$y = f\left(\sum_{i=1}^{n} w_i x_i - \theta\right) \tag{1-4}$$

后来的感知机是基于 M-P 神经元模型建立起来的，神经元将 $n$ 个其他神经元的输入与连接权重作为总输入值并与阈值进行比较，通过激活函数产生输入响应。激活函数会在后续章节介绍，在这里不做过多说明。对于后来提出的多层神经网络而言，训练困难，不适用于高精度计算，硬件达不到真正的并行，高速处理问题等原因也让人工神经网络的研究几度搁浅。

从本质上讲，机器学习就是在寻找一个好用的函数来实现某个功能。人工神经网络与机器学习相比较而言，其最厉害的地方就是理论已经证明：如果具有足够多隐藏层神经元的神经网络，就能以任意精度去逼近任意连续函数。目前的“深度学习”如此好用的原因是因为有这些理论做支撑。

## 1.4　本章小结

人工智能发展至今，衍生了非常热门的机器学习，机器学习中的神经网络又衍生出了让学习发展为更深、更广、更精准的深度学习。正因为深度学习可以自动挖掘数据中的深层次和高层次维度信息，降低了工程师们大量的劳动时间，并进一步提高预测的准确率。

本章首先介绍了什么是深度学习，从概念出发；然后谈及深度学习和机器学习与人工智能之间的关系，从人工智能和机器学习来了解深度学习的发展过程；接着阐述了机器学习的含义，从机器学习的 4 种学习方法的阐述来说明机器学习的功能与作用；最后介绍了神经网络的来源、人工神经网络及神经元的模型。

## 思 考 题

(1) 理解什么是深度学习,并简述机器学习、人工智能和深度学习之间的关系。

(2) M-P 神经元模型的结构如何,结合它的结构,说明它能处理哪几种逻辑操作。

(3) 机器学习中有哪些分支? 这些分支具体含义是什么? 简要说明。

# 第2章 深度学习主流工具及框架

目前使用的深度学习框架较多,每个框架都有自己的特点。这些深度学习框架都完美支持深度神经网络,只是性能和训练成本有所不同。本章介绍利用主流开发工具和深度学习框架搭建深度学习实战环境。

## 2.1 开发环境的搭建及使用

在本书中,使用的是 Python 开发环境,开发工具使用的是 Anaconda,操作系统使用的是 Windows 10。若读者已熟悉开发工具的安装和使用,则可跳过本节。

### 2.1.1 下载及安装 Anaconda 开发工具

Python 解释器是让 Python 语言编写的代码能够被 CPU 执行的桥梁,是 Python 语言的核心。从 https://www.python.org/网站,可以下载最新版本 Python 解释器。与普通的应用软件一样,安装完成后,就可以调用 python.exe 程序执行 Python 语言编写的源代码文件(*.py)。在此选择安装集成了 Python 解释器和虚拟环境等一系列辅助功能的 Anaconda 软件。

Anaconda 是一个非常方便的 Python 包管理和环境管理软件,一般用来配置不同的项目环境。在项目中常常会遇到这样的情况:正在做的项目 A 和项目 B 分别基于 Python2 和 Python3,而计算机只能安装一个环境,这时 Anaconda 就能派上用场。它可以创建多个互不干扰的环境,分别运行不同版本的软件包,以达到兼容的目的。

Anaconda 通过管理工具包、开发环境、Python 版本,大大简化了工作流程。Anaconda 不仅可以方便地安装、更新、卸载工具包,而且在安装时能自动安装相应的依赖包,同时还能使用不同的虚拟环境来隔离不同要求的项目。

Anaconda 有以下特点。

(1) 包含了众多流行的科学、数学、工程和数据分析的 Python 包。

(2) 完全开源和免费。

(3) 使用中额外加速和优化是收费的,但是对于学术用途可以申请免费的 License。

(4) 全平台支持 Linux、Windows 和 Mac 等操作系统。

Anaconda 的下载及安装比较简单。首先从 https://www.anaconda.com/distribution/#download-section 网址进入 Anaconda 下载页面,单击 Python 最新版本的下载链接即可下载,下载完成后安装即可进入安装程序。如图 2-1 所示,选中 Add Anaconda to my PATH environment variable 复选框,这样可以通过命令行方式调用 Anaconda 的程序。如图 2-2 所示,安装程序询问是否连带安装 VSCode 软件,单击 Skip 按钮即可。整个安装流程持续 5～10min,具体时间需依据计算机性能而定。

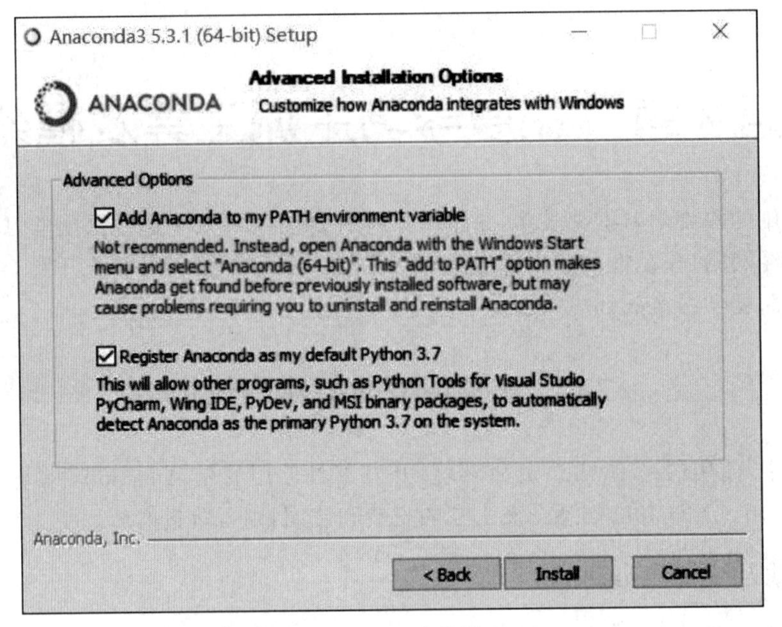


图 2-1 Anaconda 安装界面(一)

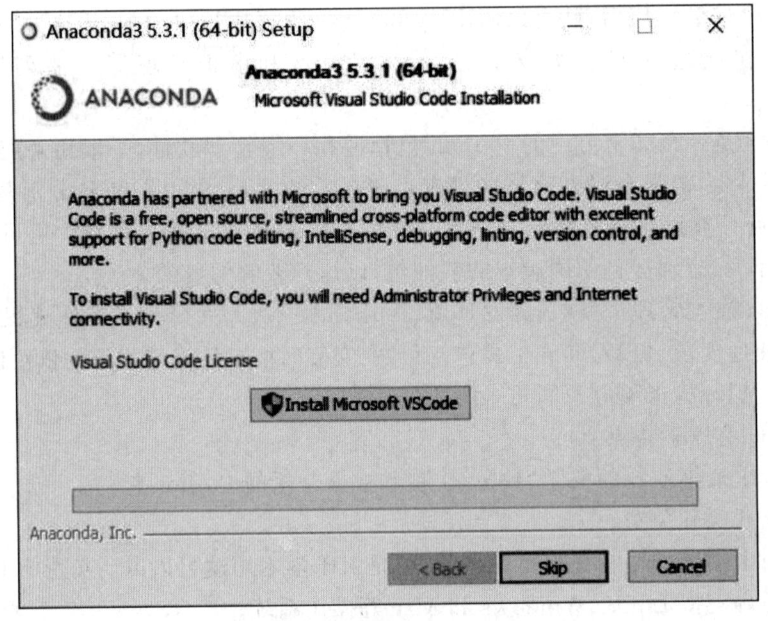


图 2-2 Anaconda 安装界面(二)

安装完成后,需要验证 Anaconda 是否安装成功。通过键盘上的 Windows 键+R 键,即可调出运行程序对话框,输入 cmd 后按 Enter 键即打开 Windows 自带的命令行程序 cmd.exe。输入 conda list 命令即可查看 Python 环境已安装的库。

如果是新安装的 Python 环境,则列出的库都是 Anaconda 自带已默认安装的软件库,如图 2-3 所示。如果 conda list 能够正常弹出一系列的库列表信息，说明 Anaconda 软件安装成功；如果 conda 命名不能被识别，则说明安装失败，需要重新安装。

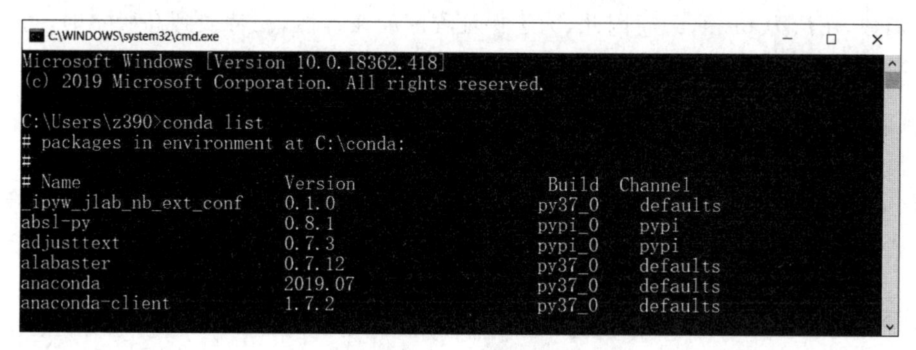


图 2-3　Anaconda 安装结果测试

### 2.1.2　Python 库的导入与添加

在搭建了 Python 基本平台 Anaconda 环境后，使用时一般不会将它所有的功能都加载。但是当为了实现更多的功能时，则需要加载更多的库；有必要的话，还需要将额外的第三方的扩展库也加载进来。

#### 1. 库的导入

Python 内置了许多功能十分强悍的库，通过使用这些库可以实现非常复杂的功能。例如内置的 math 库，可以提供复杂的数学计算，例如：

```
1.  import math
2.  math.sin(4)                          #计算正弦
3.  math.exp(3)                          #计算指数
4.  math.pi                              #内置的圆周率常数
```

除了以上使用“import＋库名”导入库的方法外，还可以在导入库的同时，给库起一个别名，例如：

```
1.  import math as m
2.  m.sin(3)                             #计算正弦
```

如果不需要导入库中的所有函数，可以特别指定导入函数的名字，例如：

```
1.  from math import exp as e            #只导入 math 库中的 exp 函数,并起名为 e
2.  e(1)                                 #计算指数
3.  sin(1)                               #此时 sin(1)和 math.sin(1)运行都会报错,因
                                          为对应的包并没有被导入
```

#### 2. 导入 future 特征

Python 的每个新版本都会增加一些新的功能，或者对原来的功能做一些改动。有些改

动是不兼容旧版本的，也就是在当前版本运行正常的代码，到下一个版本运行就可能不正常了。例如 print，在 Python 2.x 中是关键字，用法主要是 print a；而在 Python 3.0 中，print 表示一个函数，用法为 print(a)。因此，为了保证程序的兼容性，在替换到高版本时，可以引入 future 特征。

```
1. from _future_ import print_fuction     #将 print 变成函数形式，即用 print(a)格式输出
2. from _future_ import division           #在 Python 3.0 中 5/2=2.5,5//2=2;在 Python 2.0 中 5/2=2
```

**3. 添加第三方库**

Python 自身内置了许多库，但是不一定完全满足编程时所需的要求，这时就需要导入一些第三方的库来拓展 Python 的功能。

安装第三方库一般有以下思路，如表 2-1 所示，具体操作不再详细叙述。

表 2-1 安装第三方库的思路

| 思　　路 | 特　　点 |
|---|---|
| 下载源代码自行安装 | 安装灵活，但需要自行解决上级依赖问题 |
| 用 pip 安装 | 比较方便，自行解决上级依赖问题 |
| 用 easy_install 安装 | 比较方便，自行解决上级依赖问题，比 pip 稍弱 |
| 下载编译好的文件包 | 一般是 Windows 系统才提供现成的可执行文件包 |
| 系统自带的安装方式 | Linux 或 Mac 系统的软件管理器自带某些库的安装方式 |

### 2.1.3 Anaconda 命令简介

为了进一步帮助理解掌握 Anaconda 命令，加快环境配置优化更新，下面把相关的 conda 命令加以说明。

(1) 检验是否安装以及当前版本：conda -V。

(2) 查看安装了哪些包：conda list 或 pip list。

(3) 查看当前存在哪些虚拟环境：conda env list、conda info -e 或 conda info --envs。

(4) 检查更新 conda 自身：conda update conda。

(5) 更新 Anaconda 自身：conda update anaconda。

(6) 安装和更新：pip install requests、pip install requests-upgrade 或者 conda install requests/conda update requests。

(7) 更新所有库：conda update-all。

(8) Anaconda 换源：conda config --add channels https://mirrors.tuna.tsinghua.edu.cn/ anaconda/pkgs/free/。

(9) 如果有资源就显示源地址：conda config --set show_channel_urls yes。

**1. 创建 Python 虚拟环境**

使用 conda create -n your_env_name python＝X.X(2.7、3.6 等)命令创建 Python 版本为 X.X、名字为 your_env_name 的虚拟环境。your_env_name 文件可以在 Anaconda 安装目录 envs 文件下找到。

**2. 使用激活(或切换不同 Python 版本)的虚拟环境**

打开命令行输入 python --version 可以检查当前 Python 的版本。使用如下命令即可激活所需虚拟环境(即改变 Python 的版本)。

```
1.  activate your_env_name(虚拟环境名称)
```

这时再使用 python --version 可以检查当前 Python 版本是否为想要的。

**3. 对虚拟环境中增删额外的包**

安装包到环境中：conda install -n your_env_name [package]
删除环境中的某个包：conda remove --name your_env_name package_name

**4. 关闭虚拟环境**

从当前环境退出返回使用 PATH 环境中的默认 Python 版本，使用 deactivate 命令。

**5. 删除虚拟环境**

使用命令 conda remove -n your_env_name(虚拟环境名称) -all，即可删除。

**6. 分享环境**

如果想把当前的环境配置给他人分享，从而快速建立一模一样的环境(同一个版本的 Python 及各种包)来共同开发/进行新的实验，最简单方法就是导出该环境的.yml 文件。

首先通过 activate target_env 要分享的环境 target_env，然后输入下面的命令会在当前工作目录下生成一个 environment.yml 文件：

```
1.  conda env export >environment.yml(导出所有的环境，包括 pip 安装的)
```

拿到 environment.yml 文件后，将该文件放在工作目录下，可以通过以下命令从该文件创建环境：

```
1.  conda env create -f environment.yml
```

## 2.2　深度学习的主要框架

在入门深度学习之前，选择一个合适的框架非常重要，因为选择一个合适的框架往往能起到事半功倍的效果。深度学习的技术日新月异，研究者们使用各种不同的框架来达到研究目的,侧面印证出深度学习领域的百花齐放。现今,全世界非常流行的深度学习框架有PaddlePaddle、TensorFlow、Caffe、Theano、Keras、MXNet、Torch 和 PyTorch 等。

本书中主要运用到 TensorFlow 和 Keras 两种框架。TensorFlow 出自于谷歌大脑团队的研究人员和工程师,旨在方便研究人员对机器学习的研究,并简化从研究模型到实际生产的迁移的过程。Keras 是用 Python 编写的高级神经网络的 API,能够和 TensorFlow、CNTK 或 Theano 配合使用。

### 2.2.1 TensorFlow 概况

TensorFlow 是谷歌开源的第二代用于数字计算(Numerical Computation)的软件库。起初,它是为了研究机器学习和深度神经网络而开发的,但后来发现这个系统足够通用,能够支持更加广泛的应用,就将其开源贡献了出来。其名字的由来也有源可溯——Tensor 意为张量,Flow 意为流,计算方法为从数据流图的一端流动到另一端。

概括地说,TensorFlow 可以理解为一个深度学习框架,里面有完整的数据流向与处理机制,同时还封装了大量高效可用的算法及神经网络搭建方面的函数,可以在此基础之上进行深度学习的开发与研究。TensorFlow 是当今深度学习领域中最火的框架之一。据相关统计,在 GitHub 上,TensorFlow 的受欢迎程度目前排名第一,以 3 倍左右的用户数量遥遥领先于第二名。

TensorFlow 是用 C++ 语言开发的,支持 C、Java、Python 等多种语言的调用,目前主流的方式通常会使用 Python 语言来驱动应用。这一特点也是其能够广受欢迎的原因。利用 C++ 语言开发可以保证其运行效率,Python 作为上层语言,可以为研究人员节省大量的开发时间。

因其相对于其他框架有如下特点,所以深受开发人员喜爱。

#### 1. 灵活

TensorFlow 允许用户封装自己的“上层库”,所以即使在不需要使用底层语言的情况下,也能开发出新的复杂层类型。其采用的计算方法可以表示为一个数据流图,所以其特点是基于图运算,通过图上的各个节点变量控制训练中各个环节的变量,特别是需要对底层进行操作时,TensorFlow 要比其他框架更容易。TensorFlow 的可移植性好,可以在 CPU 和 GPU 上运行,也可以在服务器、移动端、云端服务器等各环境中运行。

#### 2. 便捷和通用

TensorFlow 是现在的主流框架,使用 TensorFlow 生成的模型非常便捷和通用,在绝大多数情况下都能满足使用者的需求。并且 TensorFlow 可以在多种系统下进行开发,例如 Linux、Mac、Windows 等。其编译好的模型几乎适用于当今所有的平台,几乎可以说是“即学即用”,模型易于学习和理解,使得用户应用起来更简单。

#### 3. 框架成熟

众所周知,在谷歌内部大量的产品几乎都用到了 TensorFlow,如搜索排序、语音识别和自然语言处理等，TensorFlow 的各种优点使得到处广泛使用，由此可见该框架的成熟度十分高。

**4. 强悍的运算性能**

TensorFlow 在大型计算机集群的并行处理中，运算性能仅略低于 CNTK，但是，其在个人机器使用场景下，会根据机器的配置自动选择 CPU 或 GPU 来运算，这方面做得更加友好和智能化。

TensorFlow 框架支持运行在 NVIDIA 显卡上的 GPU 版本和仅适用 CPU 完成计算的 CPU 版本。CPU 版本的环境需求简单，CPU＋GPU 版本需要额外的支持。如果不能安装 GPU 版本，则可以暂时安装 CPU 版本试用。CPU 版本无法利用 GPU 加速运算，计算速度相对缓慢，但是作为教学实战的算法模型一般不大，CPU 版本也能勉强使用，待日后对深度学习有了一定了解再升级 NVIDIA GPU 设备也未尝不可。

接下来的两节分别介绍两个版本 TensorFlow 环境搭建与调用。

### 2.2.2　CPU 版环境搭建与调用

TensorFlow 可以通过两种方式进行安装：一种是 pip 方式；另一种是 Anaconda 方式，殊途同归。首先介绍通过 conda 方式进行安装 CPU 版的过程。这里需要 Python 64-bit 和 Anaconda。

(1) 打开开始菜单栏，单击 Anaconda Prompt 进入 Anaconda Prompt。

(2) 安装 TensorFlow 时，需要从 Anaconda 仓库中下载，一般默认链接的是国外镜像地址，下载较慢，解决方法是将镜像换成国内清华镜像，因此需要修改链接镜像的地址，在 Anaconda Prompt 输入以下语句。

```
1.  conda config -add channels
    https://mirrors.tuna.tsinghua.edu.cn/anaconda/pkgs/free/
2.  conda config --set show_channel_urls yes
```

(3) 检测目前安装了哪些环境，输入以下语句，得到结果如图 2-4 所示。

```
1.  conda info --envs
```

```
C:\Users\HP>conda info --envs
# conda environments:
#
base                  *  G:\ProgramData\Anaconda3
```

图 2-4　安装环境

(4)考虑到 Python 版本和 TensorFlow 版本兼容的问题，这里需要自行选择对应的版本，在本书中 TensorFlow 选择的是 2.0 版本。在检测安装了哪些环境后，可以输入以下命令查看可以安装哪些版本的 Python。由于之前已经将镜像设置为国内的清华镜像，所以查看的是清华镜像内的 Python 版本，其命令如下所示。

```
1. conda search --full -name python
```

(5) 在创建 TensorFlow 之前，先创建 TensorFlow 的 conda 环境，运行以下命令，加载完毕后输入 y，如图 2-5 所示。

```
1. conda create -n tensorflow python
```

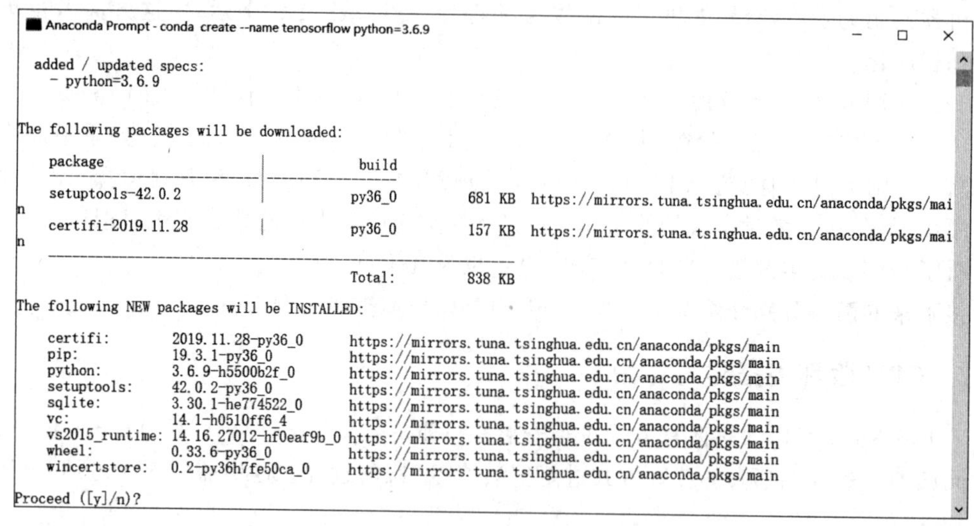


图 2-5　创建 TensorFlow 的 conda 环境

(6)安装 TensorFlow，可以运行以下命令。

```
1. pip install tensorflow
```

(7) 测试 TensorFlow 是否安装成功，先在窗口输入命令 activate tensorflow，然后输入命令 python，如图 2-6 所示。

```
(base) C:\Users\HP>activate tensorflow

(tensorflow) C:\Users\HP>python
Python 3.6.9 |Anaconda, Inc.| (default, Jul 30 2019, 14:00:49) [MSC v.1915 64 bit (AMD64)] on win32
Type "help", "copyright", "credits" or "license" for more information.
>>>
>>>
```

图 2-6　运行结果

(8) 进入 TensorFlow 环境中的 Python，再输入以下命令：

```
1. import tensorflow as tf
2. a =tf.constant("hi")
3. sess =tf.Session()
4. print(sess.run(a))
```

结果如图 2-7 和图 2-8 所示，则表示已经安装成功。

TensorFlow 和其他的 Python 库一样，使用 Python 包管理工具 pip install 命令即可安装。一般配置国内的 pip 源下载速度会提升显著，只需要在 pip install 命令后面带上“-i 源

```
>>> import tensorflow as tf
G:\Program Files\Anaconda3\envs\tensorflow\lib\site-packages\tensorflow\python\framework\dtypes.py:458: FutureWarning: P
assing (type, 1) or '1type' as a synonym of type is deprecated; in a future version of numpy, it will be understood as (
type, (1,)) / '(1,)type'.
  _np_qint8 = np.dtype([("qint8", np.int8, 1)])
G:\Program Files\Anaconda3\envs\tensorflow\lib\site-packages\tensorflow\python\framework\dtypes.py:459: FutureWarning: P
assing (type, 1) or '1type' as a synonym of type is deprecated; in a future version of numpy, it will be understood as (
type, (1,)) / '(1,)type'.
  _np_quint8 = np.dtype([("quint8", np.uint8, 1)])
G:\Program Files\Anaconda3\envs\tensorflow\lib\site-packages\tensorflow\python\framework\dtypes.py:460: FutureWarning: P
assing (type, 1) or '1type' as a synonym of type is deprecated; in a future version of numpy, it will be understood as (
type, (1,)) / '(1,)type'.
  _np_qint16 = np.dtype([("qint16", np.int16, 1)])
G:\Program Files\Anaconda3\envs\tensorflow\lib\site-packages\tensorflow\python\framework\dtypes.py:461: FutureWarning: P
assing (type, 1) or '1type' as a synonym of type is deprecated; in a future version of numpy, it will be understood as (
type, (1,)) / '(1,)type'.
  _np_quint16 = np.dtype([("quint16", np.uint16, 1)])
G:\Program Files\Anaconda3\envs\tensorflow\lib\site-packages\tensorflow\python\framework\dtypes.py:462: FutureWarning: P
assing (type, 1) or '1type' as a synonym of type is deprecated; in a future version of numpy, it will be understood as (
type, (1,)) / '(1,)type'.
  _np_qint32 = np.dtype([("qint32", np.int32, 1)])
```

图 2-7　测试结果(一)

```
>>> a = tf.constant("hi")
>>> sess = tf.Session()
>>> print(sess.run(a))
b'hi'
```

图 2-8　测试结果(二)

地址”即可。例如使用清华源安装，首先打开 cmd 命令行程序，输入如下命令即可自动通过 pip 安装 CPU 版本：

```
1.  #使用国内清华源地址安装 TensorFlow CPU 版本：
2.  pip install -U tensorflow -i https://pypi.tuna.tsinghua.edu.cn/simple
```

安装完后，在 ipython 中输入 import tensorflow as tf 命令即可验证 CPU 版本是否安装成功。通过 tf.__version__可以查看本地安装的 TensorFlow 版本号，如图 2-9 所示。

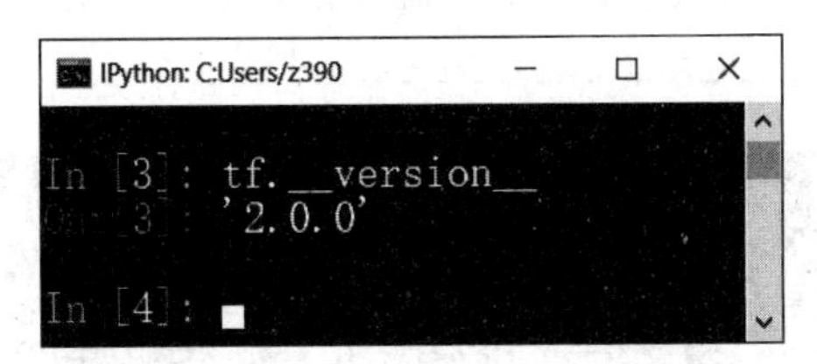


图 2-9　TensorFlow 版本测试

在此也可以顺带安装常用的 Python 库，通过如下命令使用清华源地址安装：

```
1.  pip install -U numpy matplotlib pillow pandas -i
    https://pypi.tuna.tsinghua.edu.cn/ simple
```

### 2.2.3　GPU 版环境搭建与调用

要安装 GPU 版本 TensorFlow，首先需要有 NVIDIA 显卡(俗称“N 卡”)，以下为额外环境要求清单。

(1) 有支持 CUDA 计算能力 3.0 或更高版本的 NVIDIA GPU 显卡。

(2) 下载安装 CUDA Toolkit，并确保其路径添加到 PATH 环境变量里。

(3) 下载安装 cuDNN，并确保其路径添加到 PATH 环境变量里。

(4) CUDA 相关的 NVIDIA 驱动。

一般来说，开发环境安装分为 4 个步骤：安装 Python 解释器 Anaconda，安装 CUDA 加速库，安装 TensorFlow 框架，安装常用编辑器。上述环境有一定的配对关系，存在不同的版本搭配，不可随意组合。

目前的深度学习框架大都基于 NVIDIA 的 GPU 显卡进行加速运算，因此需要安装 NVIDIA 提供的 GPU 加速库 CUDA 程序。在安装 CUDA 之前，请确认本地计算机具有支持 CUDA 程序的 NVIDIA 显卡设备，如果计算机没有 NVIDIA 显卡，如部分计算机显卡为 AMD 以及部分 MacBook 笔记本，则无法安装 CUDA 程序，因此可以跳过这一步，直接进入 TensorFlow 安装。

**1. CUDA 的安装**

CUDA 的安装分为 CUDA 软件的安装、cuDNN 深度神经网络加速库的安装和环境变量配置 3 个步骤，安装稍微烦琐。在操作时需要思考每个步骤的原因，避免死记硬背流程。

1) CUDA 软件的安装

打开 CUDA 程序下载官网 https://developer.nvidia.com/cuda-10.0-download-archive。这里使用 CUDA 10.0 版本，依次选择 Windows 平台、x86_64 架构、10 系统、exe (local) 本地安装包，再选择 Download 即可下载 CUDA 安装软件。

下载完成后，打开安装软件，选择 Custom 选项，单击 NEXT 按钮进入如图 2-10 所示的安装程序选择列表，在这里选择需要安装和取消不需要安装的程序。如果不使用 Visual Studio，那么在 CUDA 节点下取消选中 Visual Studio Integration 复选框。

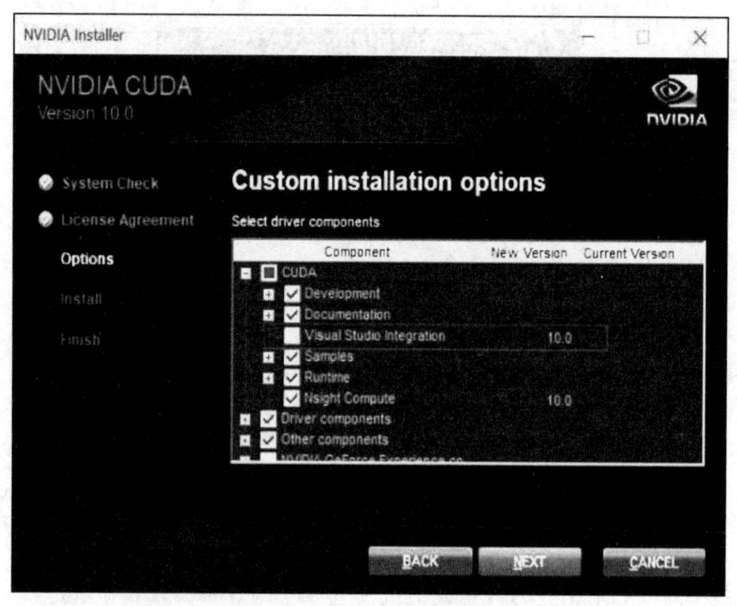


图 2-10　CUDA 安装界面

在 Driver components 节点下，如图 2-11 所示，比对目前计算机已经安装的显卡驱动 Display Driver 的版本号 Current Version 和 CUDA 自带的显卡驱动版本号 New Version，如果 Current Version 的版本号大于 New Version 的版本号，则需要取消选中 Display Driver 复选框；如果 Current Version 的版本号小于或等于 New Version 的版本号则默认勾选即可。设置完成后即可正常安装。

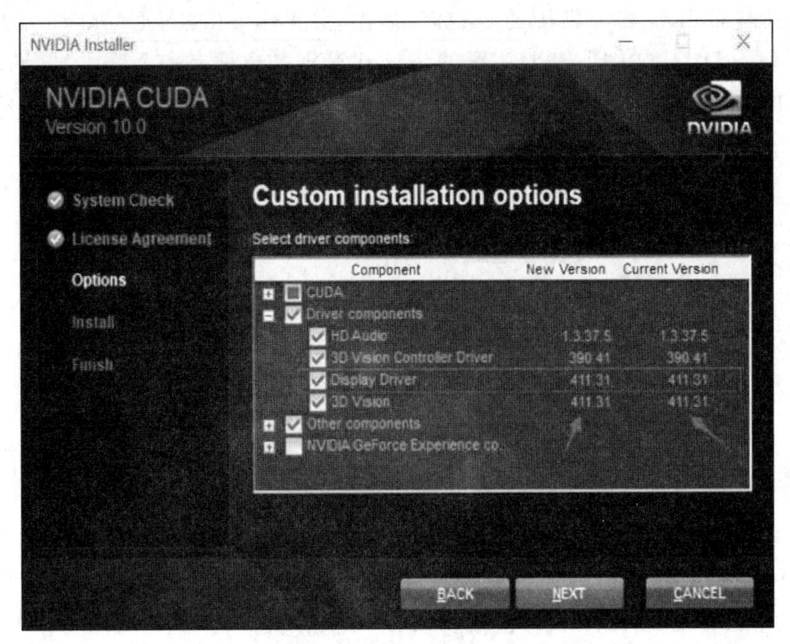


图 2-11　CUDA 安装界面

CUDA 软件安装完成后，需测试是否安装成功。打开 cmd 命令行，输入 nvcc -V，即可打印当前 CUDA 的版本信息，如图 2-12 所示。如果命令无法识别，则说明安装失败。同时也可从 CUDA 的安装路径 C:\Program Files\NVIDIA GPU ComputingToolkit\CUDA\v10.0\bin 下找到 nvcc.exe 程序。

```
C:\WINDOWS\system32\cmd.exe

C:\Users\z390>nvcc -V
nvcc: NVIDIA (R) Cuda compiler driver
Copyright (c) 2005-2018 NVIDIA Corporation
Built on Sat_Aug_25_21:08:04_Central_Daylight_Time_2018
Cuda compilation tools, release 10.0, V10.0.130

C:\Users\z390>
```

图 2-12　CUDA 安装结果测试

2）cuDNN 深度神经网络加速库安装

CUDA 并不是针对于神经网络设计的 GPU 加速库，它面向各种需要并行计算的应用设计。如果希望针对于神经网络应用加速，需要额外安装 cuDNN 库。需要注意的是，

cuDNN 库并不是可执行程序，只需要下载解压 cuDNN 文件，并配置 PATH 环境变量即可。

打开网址 https://developer.nvidia.com/cudnn，选择 Download cuDNN，由于 NVIDIA 公司规定下载 cuDNN 需要先登录，因此需要登录或创建新用户后才能继续下载。登录后，进入 cuDNN 下载界面，选中 I Agree To the Terms of the cuDNN Software License Agreement 复选框，即可弹出 cuDNN 版本下载选项。

在此选择与 CUDA 10.0 匹配的 cuDNN 版本，并单击 cuDNN Library for Windows 10 链接即可下载 cuDNN 文件。需要注意的是，cuDNN 本身具有一个版本号，同时它还需要和 CUDA 的版本号对应上，如图 2-13 所示，不能下载不匹配 CUDA 版本号的 cuDNN 文件。

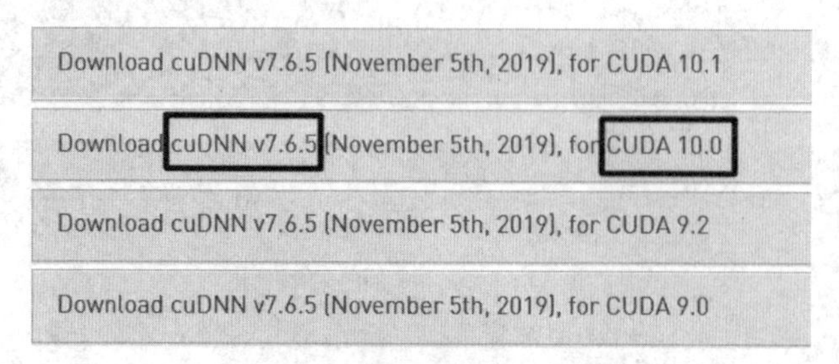


图 2-13 CUDNN 版本选择界面

下载完成 cuDNN 文件后，解压缩并进入文件夹，将名为 cuda 的文件夹重命名为 cudnn765，并复制此文件夹。进入 CUDA 的安装路径 C:\Program Files\NVIDIA GPU Computing Toolkit\CUDA\v10.0，粘贴 cudnn765 文件夹即可，此处可能会弹出需要管理员权限的对话框，选择继续即可粘贴，如图 2-14 所示。

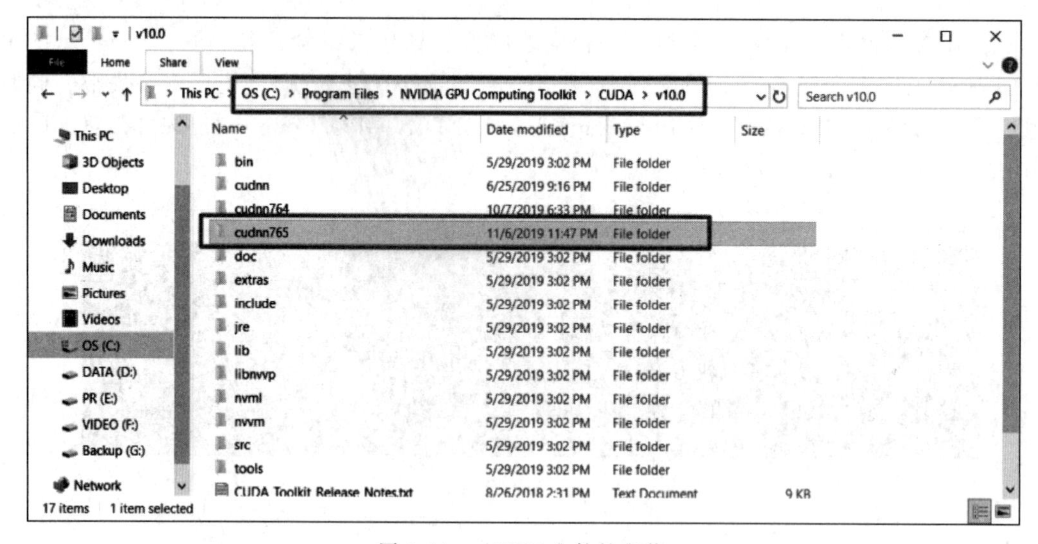


图 2-14 cuDNN 文件的安装

3）环境变量 Path 配置

上述 cudnn 文件夹的复制，即已完成 cuDNN 的安装。为了让系统能够感知到 cuDNN

文件的位置，还需要额外配置 PATH 环境变量。打开文件浏览器，右击“我的电脑”，在弹出的快捷菜单中选择“属性”→“高级系统属性”→“环境变量”命令。在“系统变量”一栏中选中 PATH 环境变量，单击“编辑”按钮。在弹出的对话框中单击“新建”按钮，输入 cuDNN 的安装路径 C:\Program Files\NVIDIA GPU Computing Toolkit\CUDA\v10.0\cudnn765\bin，并通过“向上移动”按钮将这一项上移置顶。

CUDA 安装完成后，环境变量中应该包含 C:\Program Files\NVIDIA GPU Computing Toolkit\CUDA\v10.0\bin、C:\Program Files\NVIDIA GPU Computing Toolkit\CUDA\v10.0\libnvvp 和 C:\Program Files\NVIDIA GPU Computing Toolkit\CUDA\v10.0\cudnn765\bin 三项，具体的路径可能依据实际路径略有出入，如图 2-15 所示，确认无误后依次单击 OK 按钮，关闭所有对话框。

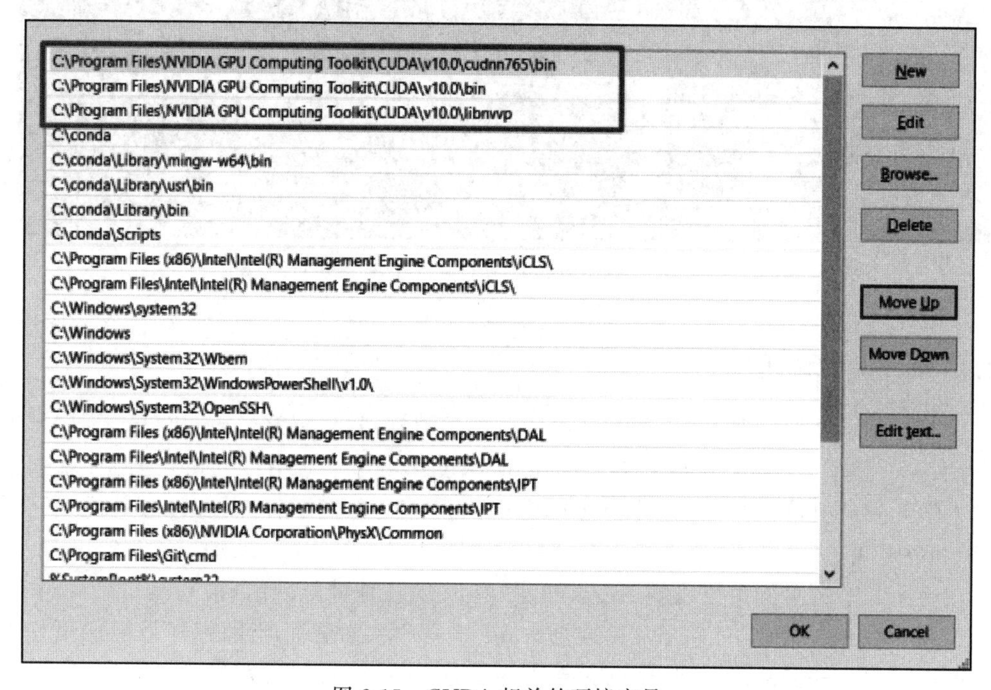


图 2-15　CUDA 相关的环境变量

**2. TensorFlow 安装**

通过下列命令来自动下载并安装 TensorFlow GPU 最新版本。目前是 TensorFlow 2.0.0 正式版，-U 参数指定如果已安装此包，则执行升级命令。

```
1.  #使用清华源地址安装 TensorFlow GPU 版本
2.  pip install -U tensorflow-gpu -i https://pypi.tuna.tsinghua.edu.cn/simple
```

接下来测试 GPU 版本的 TensorFlow 是否安装成功。在 cmd 命令行输入 ipython 进入 ipython 交互式终端，输入 import tensorflow as tf 命令，如果没有错误产生，继续输入 tf.test.is_gpu_available()测试 GPU 是否可用。

此命令会打印出一系列以 I 开头的信息，其中包含了可用的 GPU 显卡设备信息，最后会返回 True 或者 False,代表了 GPU 设备是否可用,如图 2-16 所示。如果为 True,则 TensorFlow GPU 版本安装成功;如果为 False,则 TensorFlow GPU 版本安装失败,需要再次检测 CUDA、cuDNN、环境变量等步骤,或者复制错误提示,从搜索引擎中寻求帮助。

```
IPython: C:Users/z390
C:\Users\z390>ipython
Python 3.7.3 (default, Apr 24 2019, 15:29:51) [MSC v.1915 64 bit (AMD64)]
Type 'copyright', 'credits' or 'license' for more information
IPython 7.6.1 -- An enhanced Interactive Python. Type '?' for help.

In [1]: import tensorflow as tf
2019-11-07 10:00:21.917929: I tensorflow/stream_executor/platform/default/dso_loader.cc:44] Successfully opened dynamic
library cudart64_100.dll

In [2]: tf.test.is_gpu_available()
2019-11-07 10:00:37.098827: I tensorflow/core/platform/cpu_feature_guard.cc:142] Your CPU supports instructions that thi
s TensorFlow binary was not compiled to use: AVX2
2019-11-07 10:00:37.109257: I tensorflow/stream_executor/platform/default/dso_loader.cc:44] Successfully opened dynamic
library nvcuda.dll
2019-11-07 10:00:37.251093: I tensorflow/core/common_runtime/gpu/gpu_device.cc:1618] Found device 0 with properties:
name: GeForce GTX 1070 major: 6 minor: 1 memoryClockRate(GHz): 1.759
pciBusID: 0000:01:00.0
2019-11-07 10:00:37.256260: I tensorflow/stream_executor/platform/default/dlopen_checker_stub.cc:25] GPU libraries are s
tatically linked, skip dlopen check.
2019-11-07 10:00:37.263035: I tensorflow/core/common_runtime/gpu/gpu_device.cc:1746] Adding visible gpu devices: 0
2019-11-07 10:00:38.173923: I tensorflow/core/common_runtime/gpu/gpu_device.cc:1159] Device interconnect StreamExecutor
with strength 1 edge matrix:
2019-11-07 10:00:38.178687: I tensorflow/core/common_runtime/gpu/gpu_device.cc:1165]      0
2019-11-07 10:00:38.181997: I tensorflow/core/common_runtime/gpu/gpu_device.cc:1178] 0:   N
2019-11-07 10:00:38.186504: I tensorflow/core/common_runtime/gpu/gpu_device.cc:1304] Created TensorFlow device (/device:
GPU:0 with 6377 MB memory) -> physical GPU (device: 0, name: GeForce GTX 1070, pci bus id: 0000:01:00.0, compute capabil
ity: 6.1)
Out[2]: True

In [3]:
```

图 2-16　TensorFlow GPU 版本安装结果测试

### 2.2.4　Keras 的调用

前面介绍了 TensorFlow 是谷歌开源的机器学习框架,支持 Python 和 C++ 程序开发语言,而 Keras 是基于 TensorFlow 和 Theano 的深度学习库。其中 Theano 是由加拿大蒙特利尔大学开发的机器学习框架,属于完全用 Python 编写的高层神经网络 API,但是它只支持 Python 开发。

在后面几章的案例中会用到 Keras 框架,但实现各种神经网络时,还是以 TensorFlow 为主。因为 Keras 是对 TensorFlow 或 Theano 进行再次封装而产生的,所以要想更好地了解深度学习中的神经网络原理,还是需要从基本的 TensorFlow 出发。

Keras 和 TensorFlow 之间的关系如图 2-17 所示。Keras 的再次封装是为了能够快速实践,从而在使用时不用过多关注底层的细节,可以将思考的方法快速地转换为想要的结果。Keras 的底层库使用 Theano 或 TensorFlow,这两个库也称为 Keras 的后端,其默认的后端为 TensorFlow,如果想使用 Theano 也可以自行更改。Keras 相比 TensorFlow,使用起来其实相对简单,因为 Keras 是在 TensorFlow 基础之上构建的高层 API,相对于用户来说使用会更人性化一点。

正因为 Keras 是对 TensorFlow 或 Theano 进行再次封装而产生的,所以它的调用和 TensorFlow 很相似。

首先打开 cmd 命令窗口,安装 Keras 时输入命令:

```
pip install keras -U --pre
```

输入命令后然后开始安装,如图 2-18 所示。

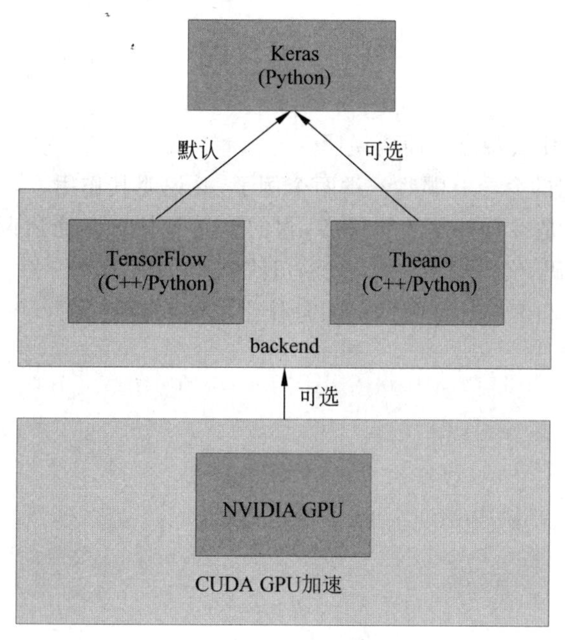


图 2-17　Keras 和 TensorFlow 之间的关系

```
C:\Users\HP>pip install keras -U --pre
Collecting keras
```

图 2-18　Keras 安装

Keras 默认后端为 TensorFlow，如果想使用 Theano 作为后端，则需要将 TensorFlow 更改为 Theano，其方法在这里不再赘述，感兴趣的读者，可以自行查阅相关资料。由于 Keras 默认后端为 TensorFlow，所以可以直接调用。若是在 TensorFlow 下的 Python，则直接调用就可以了。

## 2.3　本章小结

本章主要介绍了深度学习所使用的语言环境，以及深度学习中使用的框架。语言环境主要使用的是 Python，介绍了其平台的搭建、常用的基本语法、库的导入与添加的方法，以及 Python 常用的开发工具。其框架本章介绍的是 TensorFlow，首先叙述了什么是 TensorFlow，它是从何时诞生并流行于现在的深度学习之中的；然后介绍了 TensorFlow 环境的 CPU 与 GPU 环境搭建方法和使用方法；最后介绍 TensorFlow 和 Keras 的关系以及 Keras 的调用方式。本章全面介绍实验平台搭建方法与流程以及注意事项，尤其要注意理解流程背后实际含义，以及选择正确的对应平台匹配版本。

## 思　考　题

（1）Anaconda 有什么特点？简要说明。

（2）conda 中常用的命令有哪些？举两个例子，并说明其作用。

（3）TensorFlow 是谷歌开发的软件库，它的含义是什么？简述调用 TensorFlow 的步骤，并编写 Python 代码，实现输出“hello world!”。

（4）TensorFlow 和 Keras 之间的关系是什么？简要说明。

# 第3章　神经网络的原理及实现

深度学习的概念源于人工神经网络的研究，目的是建立、模拟人脑进行分析学习的神经网络。作为一种机器学习方法，神经网络建立在数学基础之上，能通过各种函数和优化方法对给定的输入值进行训练并预测输出值。

## 3.1　数学基础

数学是研究数量、结构、变化、空间以及信息等概念的一门学科，从某种角度看属于形式科学的一种。在学习神经网络之前，有必要了解矩阵论、概率论等数学基础知识，这些数学知识正是神经网络的基础。

### 3.1.1　张量

当前所有机器学习系统把张量作为基本的数据结构，而在神经网络中，也常使用张量来表示相关的数据结构。张量对这个领域非常重要，例如图像，很容易知道它是具有高度和宽度的，因此，用二维结构表示包含在其中的信息是有意义的，但是图像是有颜色的，如果要添加颜色的信息，那么这时候就需要另一个维度来表示，这时张量就发挥了很大的作用，那什么是张量呢？

张量(Tansor)是一个存放数据的容器，它包含的几乎总是数值数据，所以它是数字容器，其一大特征就是它有一个性质叫维度，通常被称作轴。

**1. 标量**

维度为0的张量称为标量。用代码来表示0维张量如下：

```
1. import numpy as np
2. //用 array 构建一个含常数 12 的 0 维张量
3. a=np.array(12)
4. print(a)
5. //输入 a 的维度,ndim 表示张量的维度
6. print(a.ndim)
```

**2. 向量**

如果多个标量组合在一起，就形成了一维张量，或者组合成数组，也叫作向量，向量只有一个轴，例如：

```
1. a1=np.array{[1,2,15]}
2. print(a1)                          #输出一维数组
```

```
3.  print(a1.ndim)                      #输出 1
```

这时输出的结果分别为[1,2,15]和1,分别为一维张量和a1的维度,得到的一维张量等同于一维数组。

**3. 矩阵**

一个数组中如果有多个元素,如果每个元素都是一维张量,那么该数组就是二维张量,或叫作矩阵,其有2个轴,例如以下代码:

```
1.  a2=np.array{[45,1,38,4],[54,8,4,231]}
2.  print(a2)                           #输出二维数组
3.  print(a2.ndim)                      #输出 2
```

**4. 多维向量**

一维和二维向量比较容易理解,但是超过了二维以后,就不太容易想象了。如果要更好地理解的话,可以将$n$维向量想象成一维数组,然后每个数组都是$n-1$维向量。例如,以下是一个三维向量:

```
1.  x=np.array([
2.        [  [4,3], [2,3]  ],
3.        [  [2,4], [4,3]  ],
4.        [  [6,7], [6,3]  ],
5.  ])
6.  print(x.ndim)                       #输出 3
```

以上代码输出的结果是3,可以看出,三维数组的元素就是二维数组,四维数组的元素就是三维数组,以此类推,$n$维数组的元素就是$n-1$维数组。对于多维向量有什么好处呢?很多数据不仅包括自身的特性,往往还涉及时间的维度、地址的维度等,用多维张量来描述能更加简单明了地描述客观世界的信息,而且最主要的是其在计算机上处理十分方便。

总之,张量在神经网络中得到了广泛的应用,其就是神经网络中神经元节点接收输入数据后经过一定计算操作输出的结果对象;张量在神经网络模型图中表现为各层的节点的输出数据,如果仅从结果或者数据流向的角度考虑时,有时候也可以把神经网络模型中的节点看作等同于张量。节点加上连线所组成的整个神经网络模型图中表现的是张量在神经网络中“流动(Flow)”的过程。

### 3.1.2 导数

在神经网络里的计算,因为都是按照前向传播过程或者反向传播过程来实现的。首先计算出神经网络的输出,然后接着进行一个反向传输操作。对于反向传播过程,需要计算对应的梯度或导数。

导数的目的是分析和变化,所以当讲到导数时,经常拿过山车打比方:将过山车的车道当作函数的曲线,因为乘坐者会在轨道上进行移动——向下俯冲、水平前行、向上攀升,以至于身体的方向和速度发生了变化，所以其在轨道上任意一点的方向和趋势都不一样，这就类似于曲线的斜率。

如果用数学的方法来说明，以微分的形式来讲就是，当函数 $y=f(x)$的变量 $x$ 在一点 $x_0$ 上产生一个增量时 $\Delta x$ 时，函数输出值的增量 $\Delta y$ 与自变量增量$\Delta x$ 的比值在$\Delta x$ 向0趋近时的极限 $a$ 如果存在，则 $a$ 为在 $x_0$ 的导数——$\frac{\mathrm{d}f(x_0)}{\mathrm{d}x}$。简而言之，导数是用来表示数学中函数在坐标系中斜线的变化率，导数越大，则斜率越大，变化率对应也就越高。用图 3-1 来表示导数。

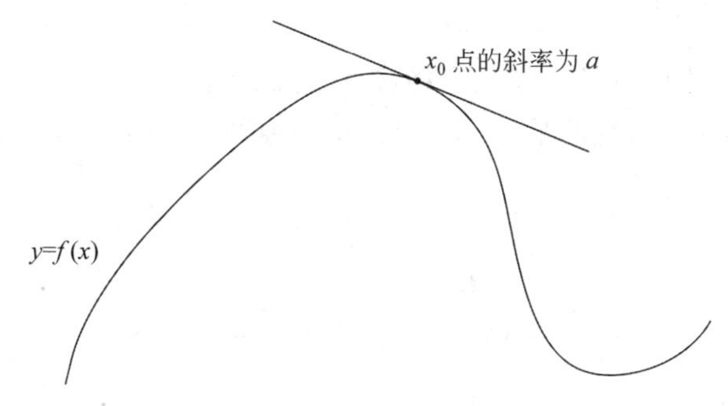


图 3-1　$f(x)$在 $x_0$ 点的导数

如果用极限的形式来说明，如图 3-1 所示，如果在曲线上取两个不同的点 $f(x)$和 $f(a)$，连接两点的弦，记作$\overrightarrow{xa}$，设弦与水平方向夹角为 $\theta$，对应的正切 $\tan(\theta)$等价于下面的式(3-1)：

$$\tan(\theta)=\frac{f(x)-f(a)}{x-a} \tag{3-1}$$

设 $a$ 点的切线与水平方向的夹角为$\theta'$，当 $x$ 趋向$a$ 时，那么弦与水平的方向夹角$\theta$ 越来越接近$\theta'$时，可以得到式(3-2)。

$$x\rightarrow a,\theta\rightarrow\theta',\frac{f(x)-f(a)}{x-a}\rightarrow\tan(\theta') \tag{3-2}$$

当 $x\rightarrow a$ 时，如果函数 $g(x)=\frac{f(x)-f(a)}{x-a}$的极限存在，那么该极限就叫作函数 $f(x)$在 $a$ 处的导数。

对于神经网络中的函数要求处处可微，可微就意味着可以被求导数，如果想改变 $x$，使得 $f(x)$最小化，而且知道 $f$ 的导数，那么只需要沿 $x$ 的导数的反方向移动就可以了。

## 3.2　神经网络模型及结构

下面介绍神经网络的数学模型，以及如何用神经网络来解决实际问题，进一步了解神经网络的核心组件。神经网络就是由多个神经元形成的集合，这些神经元相互配合，通过对数据点的计算和分析，共同寻找到数据点的分布规律。通过不断迭代改进的方式，摸索出数据集之间的分界线。

神经网络的研究，或者说是人工智能的研究，从M-P神经元模型、感知机到多层前馈神经网络，再到深度学习，其形式在变、外界在变，而神经网络的"连接"的本质没有变。尽管深度学习的解释不那么令人满意，但是深度学习能解决许多难题；也正因为深度学习由神经网络发展而来，才成为今日引领人工智能的强大工具。

神经网络的最大优势是模拟生物神经网络的并行分布式架构，这种"道法自然"的启迪在网络的并行式训练、知识的分布式存储方面，对神经网络的学习和泛化能力的提高起到了很好的推动作用。

### 3.2.1 M-P神经元模型

前面已经提到过M-P神经元模型。神经元是由细胞体、树突和轴突等构成的神经细胞，它是对神经网络模拟、研究的最基本单元。单个神经元的数字模型如图3-2所示。

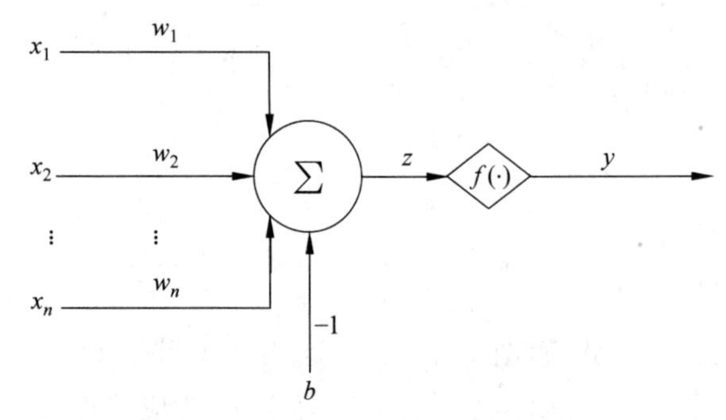


图3-2 单个神经元的数学模型

所以得到数学表达式和逻辑回归，如式(3-3)和式(3-4)所示。

$$z = w_1x_1 + w_2x_2 + \cdots + w_nx_n - b = \sum_{i=1}^{n} w_ix_i - b \tag{3-3}$$

$$y = f(z) \tag{3-4}$$

在上述公式中，$x_i$ 为输入；$w_i$ 为权重；$b$ 为偏置值，或者表示为阈值，超过阈值为兴奋，低于阈值是抑制；$w_i$ 和 $b$ 可以理解为两个变量；$f(z)$为激励函数，在后面章节会介绍，这里不再赘述。

在模型中，每次学习的目的都是调整 $w_i$ 和 $b$，从而通过调整其变量得到一个合适的值，然后通过这个值配合运算公式所形成的逻辑就是神经网络模型。

M-P神经元模型可以表示简单的逻辑运算，例如与运算、或运算和非运算，在进行非运算时可以转换为单输入单输出，或运算、与运算可以转换为双输入单输出。如果是非运算的话，那么图3-2就可以简化成图3-3，如果是或运算、与运算的话则简化成图3-4。使用取反运算符时，如果输入0则输出1，输入 $l$ 则输出0。

与运算、或运算可按图3-4所示M-P神经元模型来表示，进行双输入单输出运算。

或运算和与运算的输入输出关系如表3-1所示。

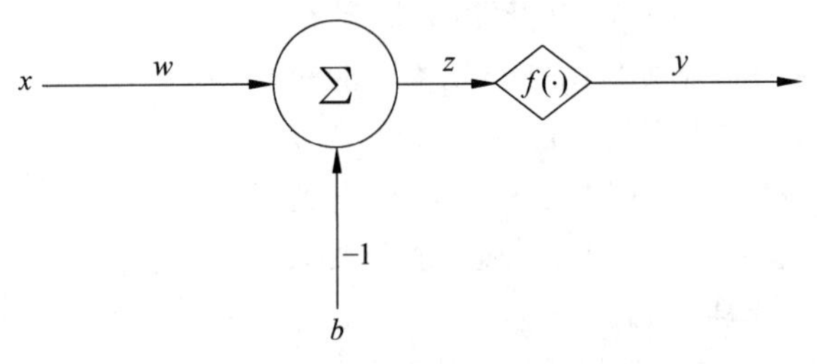


图 3-3　单输入单输出

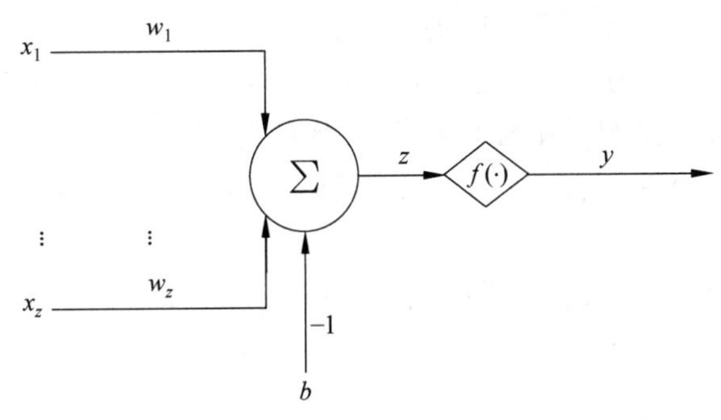


图 3-4　双输入单输出

**表 3-1　或运算和与运算的输入输出关系**

| 输　入 | | 输　出 | |
|---|---|---|---|
| $x_1$ | $x_2$ | OR(或) | AND(与) |
| 0 | 0 | 0 | 0 |
| 0 | 1 | 1 | 0 |
| 1 | 0 | 1 | 0 |
| 1 | 1 | 1 | 1 |

因此,说明 M-P 神经元模型是可以进行简单的逻辑运算的,但是 $w$ 和 $b$ 的值还不能通过样本的训练来确定,只能在计算前由人为确定。无论如何,M-P 神经元模型为往后的神经网络和深度学习的发展奠定了基础。

### 3.2.2　感知机

如果说 M-P 神经元模型是一切神经网络学习的起点,那么,感知机模型就如同入门神经网络的 Hello World 一样。感知机是神经网络(深度学习)的起源算法,学习感知机的构造是通向神经网络和深度学习的一种重要思想。感知机接收多个输入信号,输出一个信号。

与 M-P 神经元模型需要人为确定参数不同,感知机能够通过训练自动确定参数。其训练方式为有监督学习,即需要设定训练样本和期望输出,然后调整实际输出和期望输出之差的方式。

感知机是由 Frank Rosenblatt 教授发明的，其结构如图 3-5 所示。当时的感知机是由神经元构成的两层网络结构，输入层用来接收信号，激活函数将信号汇集之后进行处理，然后再将处理之后的信号输出到 M-P 神经元构成的输出层。在这里要注意，这个感知机模型只有一个激活功能神经元。

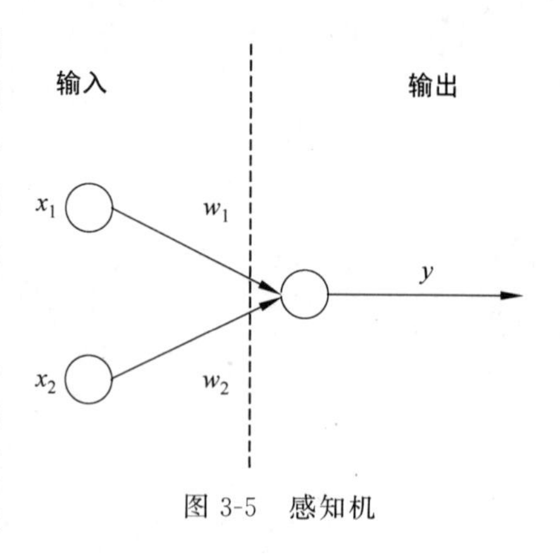


图 3-5　感知机

从图 3-5 中可以看出，在经典的感知机模型中，只有输出单元具有激活函数，这说明了其只有一层功能神经元，因此只可以解决线性问题，例如或、与、非逻辑问题等，不能解决非线性的异或问题。但是有了激活函数，神经元就拥有了控制模型忍耐阈值的能力，进而就能把处理过的输入映射到下一个输出空间。其实，神经元和感知机模型在本质上是一致的。

为了更好地了解感知机，这里用 Python 实现一个感知机中的与门功能，其代码如下：

```
1. def AND(x1, x2):
2.     """
3.     与门
4.     在函数内初始化参数 w1、w2、theta，当输入的加权总和超过阈值时返回 1，否则返回 0
5.     """
6.     #w 为权重，theta 为阈值，x 为参数
7.     w1, w2, theta =0.6, 0.4, 0.7
8.     tmp =x1 * w1 +x2 * w2
9.     print(tmp)
10.    if tmp <=theta:
11.        return 0
12.    elif tmp >theta:
13.        return 1
14. print(AND(0, 0))                       #输出 0
15. print(AND(1, 0))                       #输出 0
16. print(AND(0, 1))                       #输出 0
17. print(AND(1, 1))                       #输出 1
```

多层感知机(Multi-Layer Perceptron)与单层感知机有些区别，其包含了一个或多个隐藏层。多层感知机能进行非线性函数的学习，而单层感知机只能学习线性函数。

多层感知机采用三层结构，由输入层、隐藏层以及输出层组成，与 M-P 神经元模型一样，隐藏层的感知机通过权重与输入层的各单元相连接，通过阈值函数计算隐藏层的各单元的输出值。隐藏层与输出层直接通过权重连接。多层感知机的结构如图 3-6 所示。

### 3.2.3　前向传播

前向传播是指数据是从输入到输出的流向传递过来的，会在神经网络的训练和预测阶

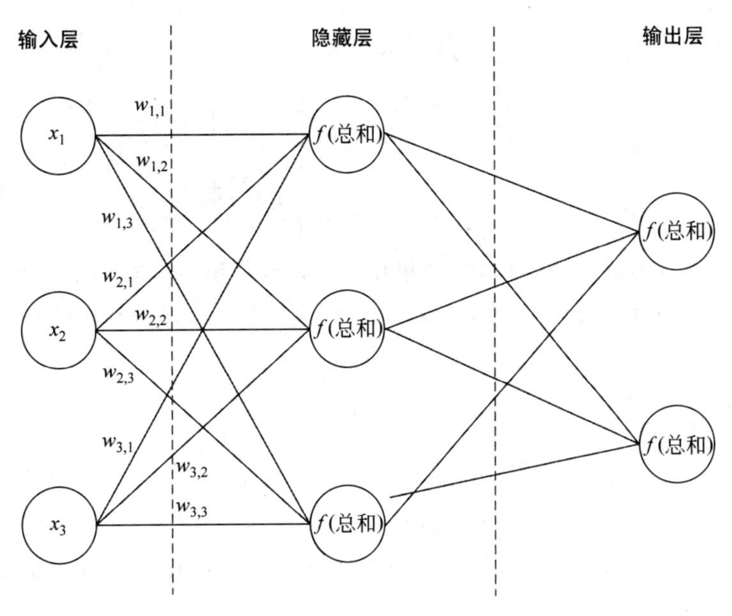


图 3-6　多层感知机的结构

段被频繁使用，前向传播算法也是神经网络中最常见的。为了更好地说明其过程，将会用图示和数学表达的方式说明。

多层感知机其实就是一种前馈神经网络，如图 3-6 所示，其中模型当中包括输入层、隐藏层和输出层，输入层和隐藏层有 3 个节点，输出层有 2 个节点。前文讲到过单个神经元的公式为 $z=w_1x_1+w_2x_2+\cdots+w_nx_n-b=\sum_{i=1}^{n}w_ix_i-b$，假设第 $l$ 层网络的第 $i$ 个神经元的输入用 $z_i^{(l)}$ 表示，第 $l$ 层网络第 $i$ 个神经元的第 $l+1$ 层网络中的第 $j$ 个神经元的连接用 $w_{i,j}^{(l)}$ 表示，那么根据单个神经元的公式可以得到第 $l$ 层的神经元如式(3-5)所示。

$$z_i^{(l)}=\sum_{j=1}w_{i,j}^{(l)}x_i+b_i \tag{3-5}$$

若神经网络的参数向量化，则可以表示为式(3-6)。

$$\boldsymbol{W}=\begin{bmatrix}w_{1,1} & w_{1,2} & w_{1,3}\\ w_{2,1} & w_{2,2} & w_{2,3}\\ w_{3,1} & w_{3,2} & w_{3,3}\end{bmatrix},\boldsymbol{X}=\begin{bmatrix}x_1\\ x_2\\ x_3\end{bmatrix},\boldsymbol{B}=\begin{bmatrix}b_1\\ b_2\\ b_3\end{bmatrix} \tag{3-6}$$

则可得到式(3-7)：

$$\begin{aligned}\boldsymbol{W}^{\mathrm{T}}\boldsymbol{X}+\boldsymbol{B}&=\begin{bmatrix}w_{1,1} & w_{1,2} & w_{1,3}\\ w_{2,1} & w_{2,2} & w_{2,3}\\ w_{3,1} & w_{3,2} & w_{3,3}\end{bmatrix}^{\mathrm{T}}\begin{bmatrix}x_1\\ x_2\\ x_3\end{bmatrix}+\begin{bmatrix}b_1\\ b_2\\ b_3\end{bmatrix}\\ &=\begin{bmatrix}w_{1,1}x_1+w_{2,1}x_2+w_{3,1}x_3+b_1\\ w_{1,2}x_1+w_{2,2}x_2+w_{3,2}x_3+b_2\\ w_{1,3}x_1+w_{2,3}x_2+w_{3,3}x_3+b_3\end{bmatrix}\end{aligned}$$

$$=\begin{bmatrix}\sum_{i=1}^{3}w_{i,1}x_i+b_1\\\sum_{i=1}^{3}w_{i,2}x_i+b_2\\\sum_{i=1}^{3}w_{i,3}x_i+b_3\end{bmatrix}=\begin{bmatrix}z_1\\z_2\\z_3\end{bmatrix}\tag{3-7}$$

由此可以得到其矩阵的表达形式，如果用 $\boldsymbol{y}^{(l)}$ 表示其第 $l$ 层输出的结果矩阵，$\boldsymbol{w}^{\mathrm{T}}$ 表示其参数的矩阵，$\boldsymbol{b}$ 表示其偏置的矩阵，$f$ 表示激励函数，那么可以得到式(3-8)。

$$\boldsymbol{y}^{(l)}=f(\boldsymbol{w}^{\mathrm{T}}\boldsymbol{x}+\boldsymbol{b})\tag{3-8}$$

### 3.2.4 反向传播

反向传播(Back Propagation, BP)是因什么而应运而生的呢？这里继续看一个简单的神经网络，如图 3-7 所示，如果神经网络其中一个参数 $w_{2,3}$ 发生了一些改变，那么它的改变会影响后面的激活值的输出，下一层又会继续往后传递，从而这个小改变会影响整个网络，正所谓“牵一发而动全身”。

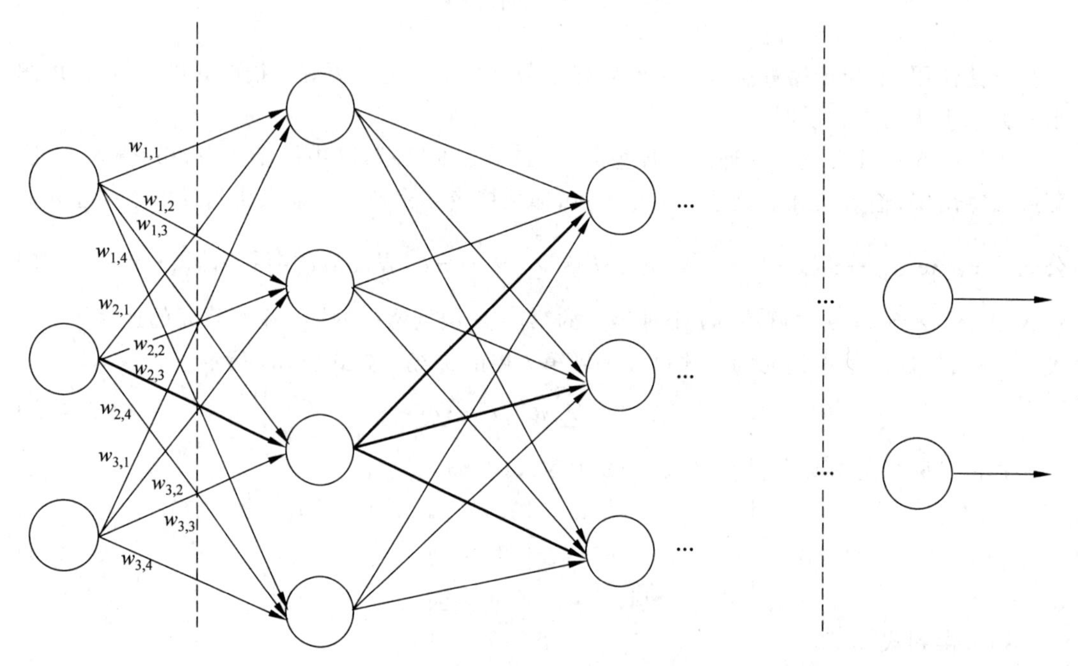


图 3-7 反向传播中的变量示例

为了知道这个参数改变了多少，需要从网络的最后一层开始，利用损失函数向前求得每一层每一个神经元的误差，从而获得这个参数的梯度，即这个参数改变的值。但是对于简单的神经网络可能还比较容易求得这个值，如果是结构多层复杂的神经网络，如何合理计算损失函数的梯度是十分困难的事情。

反向传播的目的是为了告诉模型应该将 $\boldsymbol{w}$ 和 $\boldsymbol{b}$ 调整到多少，才能在合适的时候进行函数响应。在最开始没有得到合适的权重时，正向传播生成的结果与实际的标签是存在偏离的，也就是预期结果和实际结果是有误差的。反向传播就是为了要把这个误差传递给权重，让权重进行适当调整来达到一个合适的输出。

在实际训练过程中，很难一次将其调整到位，绝大多数是通过多次迭代，一点一点地将其修正到合适值，最终直到模型的输出值与实际标签值的误差小于某个阈值为止。

## 3.3 激活函数

所谓激活函数，就是在人工神经网络的神经元上运行的函数，其主要的作用是加入非线性因素，以此来解决模型表达能力不足的缺陷。这样输入信号不再是线性组合，而是可以逼近的任意函数，因此深层神经网络表达能力可以变得更加强大。

在多层神经网络中，上层节点的输出和下层节点的输入之间具有一个函数关系，这个函数称为激活函数(又称为激励函数)，在神经网络里面起到至关重要的作用。

在 3.1 节数学基础部分提到过，神经网络中的数学应要保证是处处可微的，所以在选择合适的激活函数时，也需要保证其数据的输入和输出也是处处可微的。其运算特征是不断进行循环运算，所以在每代循环过程中，每个神经元的值也是在不断变化的，在 3.3.1～3.3.4 节会介绍几种常见的激活函数。

注：文中介绍了 4 种函数，正确写法为 Sigmoid、Tanh、ReLU、Swish，在正文中和程序注释中统一使用这种形式。在程序中统一成小写，即 sigmoid、tanh、relu 和 swish。

### 3.3.1 Sigmoid 函数

Sigmoid 是在神经网络中常用的非线性的激活函数，其数学表达式如式(3-9)所示。

$$f(x)=\frac{1}{1+e^{-x}} \tag{3-9}$$

Sigmoid 函数是常见的激活函数，其函数曲线如图 3-8 所示，其中 $x$ 可以是正无穷到负无穷，但是对应 y 的取值范围都是 0～1，所以，经过 Sigmoid 函数输出的函数会在 0～1。也就是说，Sigmoid 函数可以把输入的值经过“过滤”，使得值为 0～1。

Sigmoid 曲线图由 Python 绘制，其代码如下：

```
1. from matplotlib import pylab
2. import pylab as plt
3. import numpy as np
4. #设置 sigmoid 函数计算流程
5. def sigmoid(x):
6.     return (1/(1+np.exp(-x)))
7. mySamples=[]
8. mySigmoid=[]
9. #设置函数绘制区间，linspace(m,n,z)中 z 是指定在 m、n 之间取点的个数
10. x=plt.linspace(-10,10,10)
11. y=plt.linspace(-10,10,100)
```

```
12. #在给定区间内绘制 sigmoid 函数值点,形成函数曲线
13. #plt.plot(x, sigmoid(x), 'r', label='linspace(-10,10,10)')
14. plt.plot(y, sigmoid(y), 'r', label='linspace(-10,10.1000)')
15. plt.grid()
16. plt.title('Sigmoid function')
17. plt.suptitle('Sigmoid')
18. plt.legend(loc='lower right')
19. #给绘制曲线图像做标注
20. plt.text(4, 0.8, r'$\sigma(x)=\frac{1}{1+e^(-x)}$', fontsize=15)
21. plt.gca().xaxis.set_major_locator(plt.MultipleLocator(1))
22. plt.gca().yaxis.set_major_locator(plt.MultipleLocator(0.1))
23. plt.xlabel('X Axis')
24. plt.ylabel('Y Axis')
25. plt.show()
```

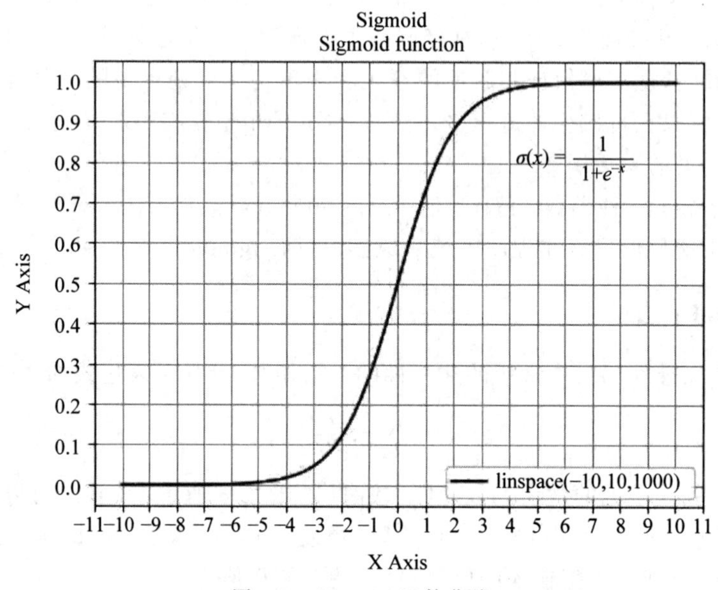


图 3-8 Sigmoid 函数曲线

### 3.3.2 Tanh 函数

Tanh 函数可以看作 Sigmoid 函数的值域升级版,因为 Tanh 函数的值域可以从 −1 到 1,而 Sigmoid 函数的值域只能是 0 到 1。虽然说 Tanh 函数可以看成 Sigmoid 函数的升级版,却也不能完全替代 Sigmoid 函数,因为某些输出要满足于[0,1]。

Tanh 函数与 Sigmoid 函数一样,同样是非线性激活函数,其数学表达式如式(3-10)所示。

$$\mathrm{Tanh}(x)=2\mathrm{Sigmoid}(2x)-1 \tag{3-10}$$

Tanh 函数曲线如图 3-9 所示,其函数的 $x$ 的取值也是从正无穷到负无穷,值域 $y$ 是[−1,1],具有更加广的值域。

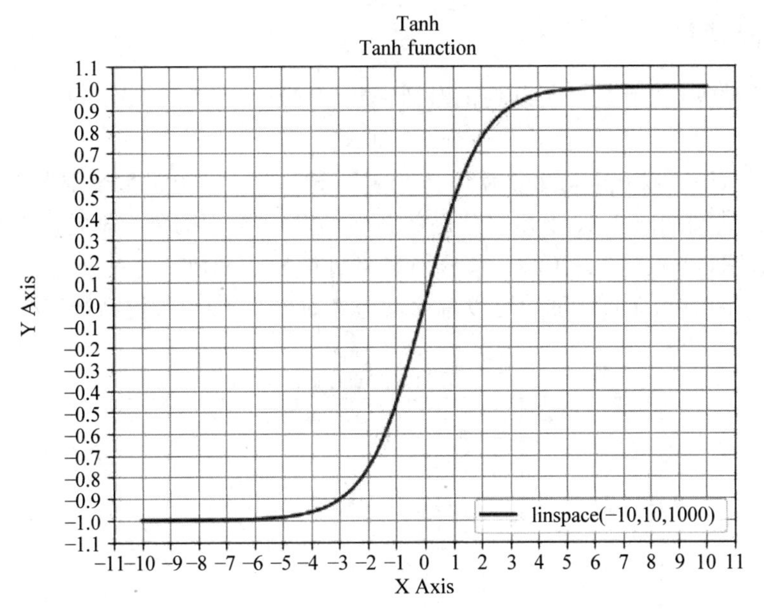


图 3-9　Tanh 函数曲线

Tanh 曲线图由 Python 绘制，其代码如下：

```
1. from matplotlib import pylab
2. import pylab as plt
3. import numpy as np
4. def sigmoid(x):
5.     return (1/(1+np.exp(-x)))
6. mySamples=[]
7. mySigmoid=[]
8. #设置函数绘制区间,linspace(m,n,z)中 z 是指定在 m、n 之间取点的个数
9. x=plt.linspace(-5,5,100)
10. y=sigmoid(x)
11. tanh =2 * sigmoid(2 * x)-1
12. #在给定区间内绘制 Tanh 函数值点,形成函数曲线
13. plt.plot(2 * x, tanh, 'r', label='linspace(-10,10.1000)')
14. plt.grid()
15. plt.title('Tanh function')
16. plt.suptitle('Tanh')
17. plt.legend(loc='lower right')
18. #给绘制曲线图像做标注
19. plt.gca().xaxis.set_major_locator(plt.MultipleLocator(1))
20. plt.gca().yaxis.set_major_locator(plt.MultipleLocator(0.1))
21. plt.xlabel('X Axis')
22. plt.ylabel('Y Axis')
23. plt.show()
```

### 3.3.3 ReLU 函数

ReLU 函数是近几年比较受欢迎的激活函数，其数学表达式如式(3-11)：

$$f(x)=\max(0,x) \tag{3-11}$$

从式(3-11)中可以看出，$f(x)$为大于 0 的一条直线，大于 0 的数全部留下，其他的数都为 0，其函数曲线图如图 3-10 所示。从函数图中可以看出，$x$ 的负半轴是没有的，只有 $x$ 的正半轴有函数图，可见这是只关心正信号而忽略负信号的函数。这种处理信号的方式类似于人类的神经元反应，而且从图中可以看出其运算简单，从而大大提高计算机运算的效率。

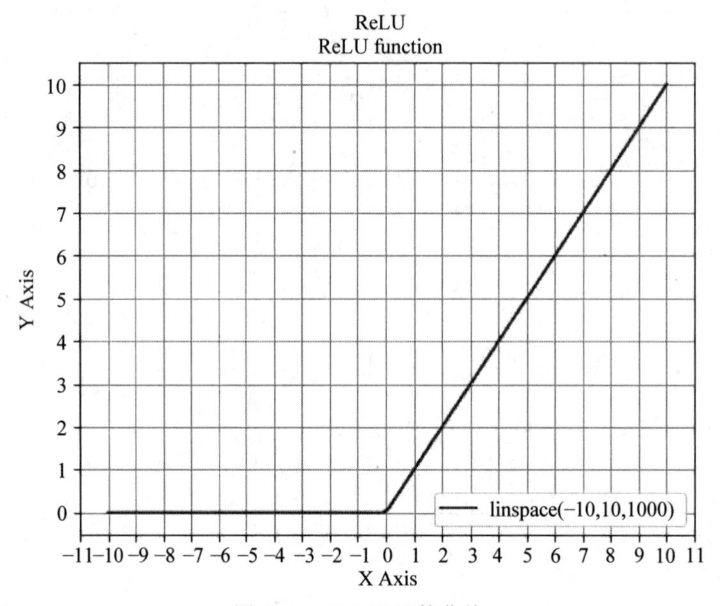


图 3-10 ReLU 函数曲线

ReLU 曲线图由 Python 绘制，其代码如下：

```
1.  from matplotlib import pylab
2.  import pylab as plt
3.  import numpy as np
4.  #设置函数绘制区间,linspace(m,n,z)中 z 是指定在 m、n 之间取点的个数
5.  x=plt.linspace(-10,10,100)
6.  y =np.where(x<0,0,x)
7.  #在给定区间内绘制 ReLU 函数值点,形成函数曲线
8.  plt.plot(x, y, 'r', label='linspace(-10,10.1000)')
9.  plt.grid()
10. plt.title('ReLU function')
11. plt.suptitle('ReLU')
12. plt.legend(loc='lower right')
13. #给绘制曲线图像做标注
14. #plt.text(4, 0.8, r'$\sigma(x)=\frac{1}{1+e^(-x)}$', fontsize=15)
```

```
15. plt.gca().xaxis.set_major_locator(plt.MultipleLocator(1))
16. plt.gca().yaxis.set_major_locator(plt.MultipleLocator(1))
17. plt.xlabel('X Axis')
18. plt.ylabel('Y Axis')
19. plt.show()
```

### 3.3.4 Swish 函数

Swish 是谷歌近几年提出的一种新型激活函数,Swish 函数拥有不饱和、光滑和非单调性的特征。论文中的多项测试表明,Swish 激活函数的性能极佳,在不同的数据集上都表现出了要优于当前最佳激活函数的性能。

其原始公式如式(3-12)所示。

$$f(x)=x\times \text{Sigmoid}(\beta x) \tag{3-12}$$

式中,$\beta$ 为 $x$ 的缩放函数,一般情况下取默认值 1。如果使用了 BN 算法的情况下,还需要对 $x$ 的缩放值 $\beta$ 进行调节。当 $\beta$ 为 1 时,其函数曲线图如图 3-11 所示。

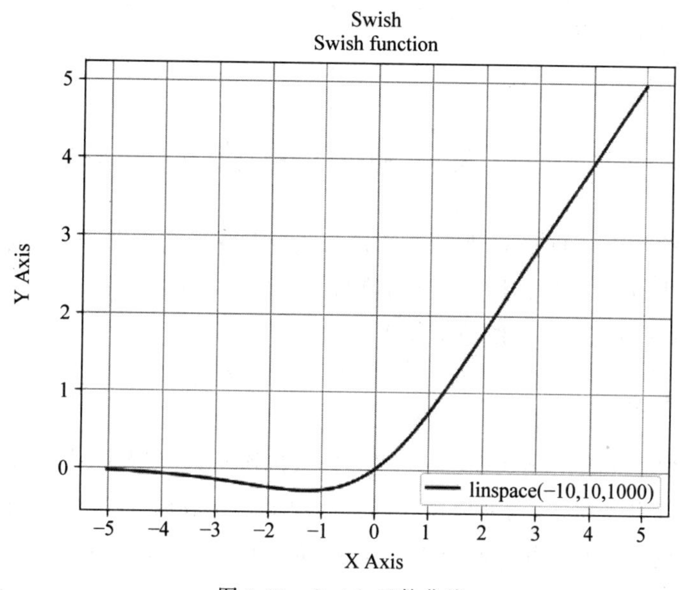


图 3-11　Swish 函数曲线

Swish 曲线图由 Python 绘制,其代码如下:

```
1.  from matplotlib import pylab
2.  import pylab as plt
3.  import numpy as np
4.  #设置 sigmoid 函数计算流程
5.  def sigmoid(x):
6.      return (1/(1+np.exp(-x)))
7.  mySamples=[]
8.  mySigmoid=[]
```

```
9. #设置函数绘制区间,linspace(m,n,z)中 z 是指定在 m、n 之间取点的个数
10. x=plt.linspace(-5,5,100)
11. y=sigmoid(x)
12. swish =x * sigmoid(x)
13. #在给定区间内绘制 sigmoid 函数值点,形成函数曲线
14. plt.plot(x, swish, 'r', label='linspace(-10,10.1000)')
15. plt.grid()
16. plt.title('Swish function')
17. plt.suptitle('Swish')
18. plt.legend(loc='lower right')
19. #给绘制曲线图像做标注
20. plt.gca().xaxis.set_major_locator(plt.MultipleLocator(1))
21. plt.gca().yaxis.set_major_locator(plt.MultipleLocator(1))
22. plt.xlabel('X Axis')
23. plt.ylabel('Y Axis')
24. plt.show()
```

## 3.4 损失函数

损失函数是学习质量的关键,如果使用的损失函数不正确,那么最后也很难训练出正确的模型。损失函数的作用是描述模型预测值与真实值的差距大小,一般有两种比较常用的算法:一种是均值平方差,另一种是交叉熵。

### 3.4.1 均值平方差

均值平方差(Mean Squared Error,MES)也被称作“均方误差”,在神经网络中主要是用来描述预测值和真实值的差异,一般用在回归问题上。在数理统计中,均方误差是用来描述参数估计值与参数真实值之间差平方的期望值,如式(3-13)所示,主要是对每一个真实值与预测值相减的平方值累加后取均值。

$$\mathrm{MSE}=\frac{1}{n}\sum_{t=1}^{n}(\mathrm{observed}_t-\mathrm{predicted}_t)^2 \tag{3-13}$$

事实上,均方误差损失函数的计算公式可以看作欧氏距离的计算公式,其计算简单方便,而且是一种很好的相似度量标准,因此通常用 MSE 作为标准的衡量。

如果均方误差的值越小,那么就说明模型越好。因为均方误差损失函数对异常值非常敏感,平方操作会使得异常值放大,所以有类似的损失算法出现,如均方根误差、平均绝对误差等算法。需要注意的是,在计算过程中,预测值和真实值要控制在同样的数据分布内。例如,预测值经过 Sigmoid 激活函数得到的取值为 0~1,那么真实值的值也要通过转换,使得其值为 0~1,如此这般才能使得损失值计算会有较好的效果。

### 3.4.2 交叉熵

顾名思义，交叉熵（Cross Entropy）是相互联系的信息熵，也是损失值算法的一种，一般用在分类问题上。意思是预测输入样本属于某一类的概率，表达式如式(3-14)所示，其中 $y$ 代表真实分类（0 或 1），$a$ 代表预测值。

$$c=-\frac{1}{n}\sum_{x}[y\ln a+(1-y)\ln(1-a)] \tag{3-14}$$

交叉熵也是值越小，代表预测结果越准。这里同样需要注意的是用于计算的 $a$ 也是通过处理的，取值为 0～1。如果真实值和预测值都是 1，前一项 $y\ln a$ 就是 $1\times\ln(1)$，后一项 $(1-y)\ln(1-a)$ 就是 $0\times\ln 0$ 等于 0，损失值为 0，反之损失值为其他函数。

总而言之，损失函数的选取取决于输入标签的数据类型。如果输入的是实数、无界的值，损失函数使用平方差；如果输入的标签是位矢量（分类标志），使用交叉熵会比较合适。

## 3.5 优化方法：梯度下降

梯度下降算法是一种最优化方法，通常也被称为最速下降法。什么是梯度呢？在微积分里面，对多元函数参数求偏导数，把求的各参数的偏导数以向量的形式表达出来，就是梯度，如图 3-12 所示。

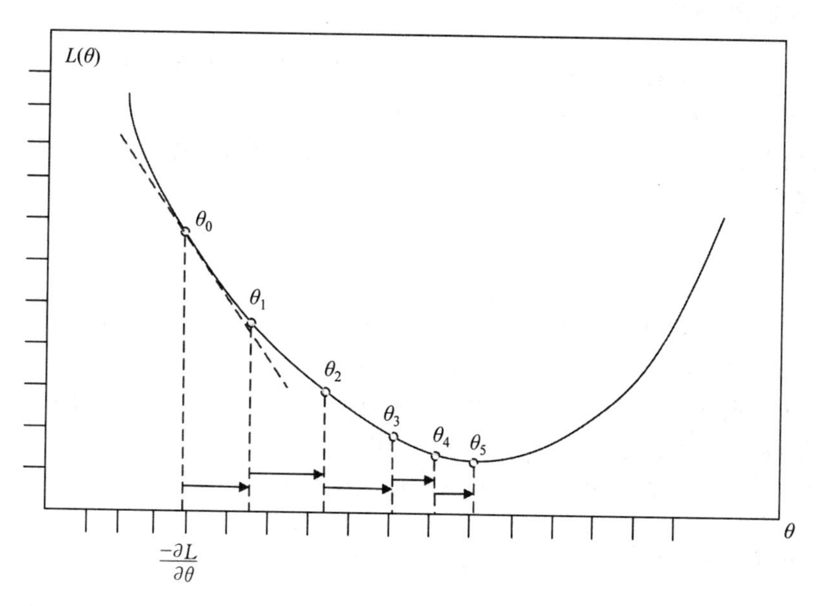


图 3-12 梯度下降算法

在图 3-12 中，梯度向量 $\frac{\partial L}{\partial \theta}$，在数学上表示梯度越大，则函数的变化率越大。相比在 $\theta_0$～$\theta_5$ 几处中，$L(\theta)$在 $\theta_0$ 处，梯度向量是函数 $L(\theta)$增加最快的方向。因此，沿着梯度向量容易找到函数的最大值。与之相反，沿着梯度向量相反的方向，梯度减少得越快，那么就容易找到函数的最小值。

如何从深度学习方面去了解梯度下降呢？它的作用是什么呢？梯度下降常用于机器学习和人工智能中递归性地逼近最小偏差模型，也就是以负梯度方向为搜索方向，沿梯度下降的方向求解极小值。

神经网络在训练阶段会用到梯度下降算法，因为在训练过程中，每次的正方向传播后都会得到输出值与真实值的损失值，这个损失值越小，代表模型越好，于是梯度下降算法就是用在这个地方，帮助寻找最小的那个损失值。而为了寻找这个损失值，需要沿着与梯度向量相反的方向$-\frac{\partial L}{\partial \theta}$更新$\theta$，这样可以使得梯度减少得最快，直到损失收敛到最小值。这就是梯度下降算法，其表达式如式(3-15)所示。

$$\theta \leftarrow \theta - \eta \frac{\partial L}{\partial \theta} \tag{3-15}$$

其中，$\eta \in \mathbf{R}$，为学习率，其用来控制梯度下降的速度。又因为在神经网络中，$\boldsymbol{\theta}$是神经网络中组成的向量，即$\boldsymbol{\theta}=\{w_1, w_2, \cdots, w_n, b_1, b_2, \cdots, b_n\}$，梯度下降的目的就是为了找到一个合适的$\boldsymbol{\theta}$，使得神经网络中的损失$L$最小，从而可以从结果反推出对学习参数$\boldsymbol{w}$和偏置$\boldsymbol{b}$，以达到模型优化的目的。

因此可以得出结论，当越接近目标值时，变化就越小，梯度下降的速度也越慢。

### 3.5.1　批量梯度下降

批量梯度下降需要遍历全部数据集后算一次损失函数，然后算函数对各个参数的梯度更新梯度。因此，其优点在于容易得到全局的最优解，所以总体的迭代次数会比较少。但是其缺点也非常明显，该方法每更新一次参数都要把数据集里的所有样本全都看一遍，计算量太大，计算速度慢，计算效率低，也不支持在线学习。

### 3.5.2　随机梯度下降

给定一个可微函数，理论上可以用解析法找到它的最小值：函数的最小值是导数为0的点，因此只需要找到所有导数为0的点，然后计算函数在其中哪个点具有最小值即可。

每看一个数据就算一下损失函数，然后求梯度更新参数，这称为随机梯度下降。这个方法比较快，但是收敛性能不太好，可能在最优点附近左右摆动，无法命中最优点，准确率低。两次参数的更新依然可能互相抵消，造成目标函数震荡比较剧烈。

### 3.5.3　小批量梯度下降

小批量梯度下降克服了上面两种方法的缺陷，采用的是一种比较折中的方法。这种方法是把数据分为若干个批次，按小批次来更新参数，这样一批中的所有数据共同决定一个梯度的方向，每次下降的偏离的幅度就会变缓，虽然减少了随机性，但是也使得数据与数据之间产生了关联，避免了局部最优解。从处理数据方面来看，一次性处理的数据集也比批量梯度下降要小得多，提高了计算速度和计算效率。

用图示的方式可以比较批量梯度下降算法和小批量梯度下降算法，如图3-13所示。

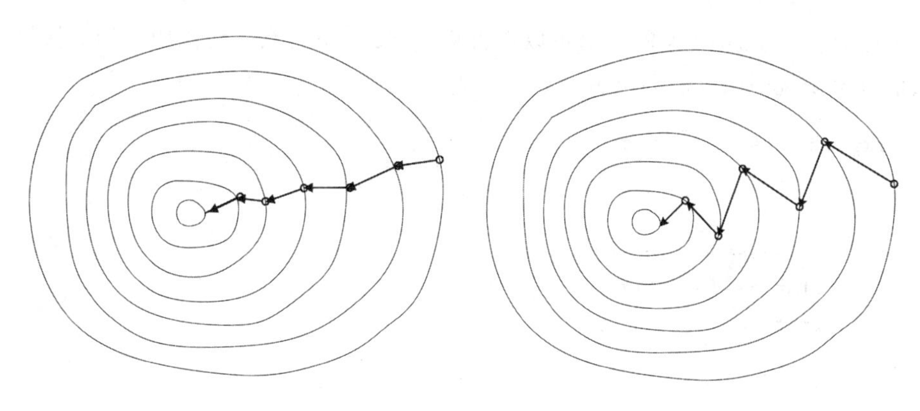

(a) 批量梯度下降算法　(b) 小批量梯度下降算法

图 3-13　批量梯度下降算法和小批量梯度下降算法比较

# 3.6　综合案例：搭建简单的神经网络

## 3.6.1　基本功能函数

在搭建神经网络之前，先介绍几个基本的功能函数。

### 1. Session 输出

建立一个 Session，在 Session 中输出[1 2 2 3 3]。

```
1.  import tensorflow as tf
2.  #定义一个列表
3.  x =tf.constant([1,2,2,3,3])
4.  #建立 Session
5.  sess =tf.Session()
6.  #使用 Session 的 run 方法
7.  print(sess.run(x))
8.  #关闭 Session
9.  sess.close()
```

运行代码后，输出结果为

```
1.  [1 2 2 3 3]
```

在上述代码中，tf.constant()可以定义一个常数或列表，x 里面的内容需要 Session 中的 run 方法才可以输出，假如用 print 直接输出 x 的话，得到的结果是 Tensor("Const: 0", shape=(5,), dtype=int32)，因此不能直接打印出 x 的值。

### 2. 使用 with tf.Session

为什么要使用 with tf.Session 呢？从上述代码中可以看到，建立的 Session 在使用后需要手工关闭，而使用 with tf.Session 可以不再费事，Session 将会自动关闭。如下代码，通过两个数的计算来说明该方法的使用。

```
1. import tensorflow as tf
2. x =tf.constant(23)
3. y =tf.constant(3)
4. with tf.Session() as sess:
5.     print(sess.run(x * y))
6.     print(sess.run(x-y))
```

运行后的输出结果为

```
1. 69
2. 20
```

**3. Feed 机制**

Feed 机制可以临时替代任意操作中的 Tensor，可以对任何操作提交补丁，直接插入一个 Tensor。

```
1. import tensorflow as tf
2. import numpy as np
3. #生成两个矩阵
4. x =np.ones((2, 4))
5. y =np.ones((4, 1))
6. #定义输入占位
7. inpt1 =tf.placeholder(tf.int32)
8. inpt2 =tf.placeholder(tf.int32)
9. #定义输出
10. outpt =tf.matmul(inpt1, inpt2)
11. #将 x 和 y 分别注入 inpt1 和 inpt2
12. with tf.Session() as sess:
13.     print(sess.run(outpt, feed_dict ={inpt1:x, inpt2:y}))
```

运行如上代码后输出：

```
1. [[4]
2.  [4]]
```

介绍这几种基本的功能函数以便于读者对于实际问题能够更好地运用和理解，接下来搭建一个简单的神经网络的实例。

### 3.6.2 简单神经网络的搭建

搭建一个神经网络，需要有输入层、隐藏层、输出层、损失函数、参数求取等，本节将会用 TensorFlow 来搭建一个简单的神经网络，该实例是搭建神经网络来拟合一个二元函数 $y=x^3+1$。

### 1. 首先定义一个神经网络层

```
1.  #创建一个神经网络层
2.  def add_layer(input,in_size,out_size,activation_function=None):
3.      Weight=tf.Variable(tf.random_normal([in_size,out_size]) )
4.      biases=tf.Variable(tf.zeros([1,out_size]) +0.1 )
5.      W_mul_x_plus_b=tf.matmul(input,Weight) +biases
6.      #根据是否有激活函数
7.      if activation_function ==None:
8.          output=W_mul_x_plus_b
9.      else:
10.         output=activation_function(W_mul_x_plus_b)
11.     return output
```

这里定义了神经网络层的权重 Weight 变量,而 tf.random_normal 函数服从正态分布,因此该值是从指定的数值中取出指定个数的值。偏置 biases 由 tf.zeros 函数生成,以及神经网络层的输出。

### 2. 准备数据

在定义了神经网络层之后,需要给定输入的数据,以下代码为定义的数据,输入数据为从-2～2 取等间隔的 800 个点的值,输出为输入数据的平方加 1,再加上噪声。

```
1.  #从-2~2 取等间隔的 800 个点的值,再给原数组增加一个维度
2.  x_data=np.linspace(-2,2,800)[:,np.newaxis]
3.  #一个正态分布
4.  noise=np.random.normal(0,0.05,x_data.shape)
5.  #创建输入数据对应的输出
6.  y_data=np.power(x_data,3)+1+noise
```

### 3. 定义输入层、隐藏层和输出层

在输入层通过 tf.placeholder 函数定义输入占位符,给后续"喂"数据占个位置,隐藏层使用定义的神经网络层,其激活函数为 ReLU,最后是输出层,通过隐藏层 10 个神经元的输入,最后通过一个神经元输出。

```
1.  #定义输入数据
2.  xs=tf.placeholder(tf.float32,[None,1])
3.  ys=tf.placeholder(tf.float32,[None,1])
4.  #定义一个隐藏层
5.  hidden_layer1=layer(xs,1,10,activation_function=tf.nn.relu)
6.  #定义一个输出层
7.  prediction=layer(hidden_layer1,10,1,activation_function=None)
```

#### 4. 求解神经网络参数

在这里定义了损失函数，通过输出值和预测值之差的平方和的累加得到损失函数的值。

```
1.  #求解神经网络参数
2.  #定义损失函数
3.  loss=tf.reduce_mean(tf.reduce_sum(tf.square(ys-prediction), reduction_
    indices=[1]))
4.  #定义训练过程
5.  train_step=tf.train.GradientDescentOptimizer(0.1).minimize(loss)
```

#### 5. 训练模型

最后一步是训练模型，通过 5000 次的训练，每 100 次进行一次损失函数值的输出。

```
1.  #进行训练
2.  with tf.Session() as sess:
3.      sess.run(init)
4.      for i in range(5000):
5.          sess.run(train_step,feed_dict={xs:x_data,ys:y_data})
6.          if i%100==0:
7.              print(sess.run(loss,feed_dict={xs:x_data,ys:y_data}))
```

运行代码得到结果如图 3-14 所示。

```
0.011876672
0.01180253
0.011722968
0.011654709
0.011599544
0.011547787
0.011506918
0.011468982
0.011434905
0.011404696
0.011380438
0.011348348
0.011326442
0.011303624
0.011284998
0.011268178
0.0112524
0.011235359
0.01121272
finish!
```

图 3-14 运行结果

从结果可以看出，整个训练的过程，随着训练次数的增加，损失函数的值一直在减小，到结束时损失函数的值已经减到非常小了。

### 3.6.3 拟合函数可视化

如果对拟合的函数感兴趣，可以通过以下代码进行可视化。

#### 1. 定义绘制曲线

```
1.  #绘制求解的曲线
2.  fig =plt.figure()
```

```
3.  ax =fig.add_subplot(1, 1, 1)
4.  ax.scatter(x_data, y_data)
5.  plt.ion()
6.  plt.show()
```

**2. 训练模型及绘制拟合方程图**

```
1.  init=tf.global_variables_initializer()
2.  #进行训练
3.  with tf.Session() as sess:
4.      sess.run(init)
5.      for i in range(5000):
6.          sess.run(train_step,feed_dict={xs:x_data,ys:y_data})
7.          if i%100==0:
8.              try:
9.                  ax.lines.remove(lines[0])        #擦除之前的轨迹
10.             except Exception:
11.                 pass
12.
13.             print(sess.run(loss,feed_dict={xs:x_data,ys:y_data} )  )
14.             #计算预测值
15.             prediction_value =sess.run(prediction, feed_dict={xs: x_data})
16.             #print(prediction.shape)
17.             #绘制预测值
18.             lines =ax.plot(x_data, prediction_value, 'r-', lw=5)
19.             plt.pause(0.1)
20. print('finish!')
21. plt.pause(300)
```

运行结果 3.6.2 节已经说明，不再进行展示，其拟合函数图如图 3-15 所示，以上代码可以直接代替 3.6.2 节步骤 5 中代码。

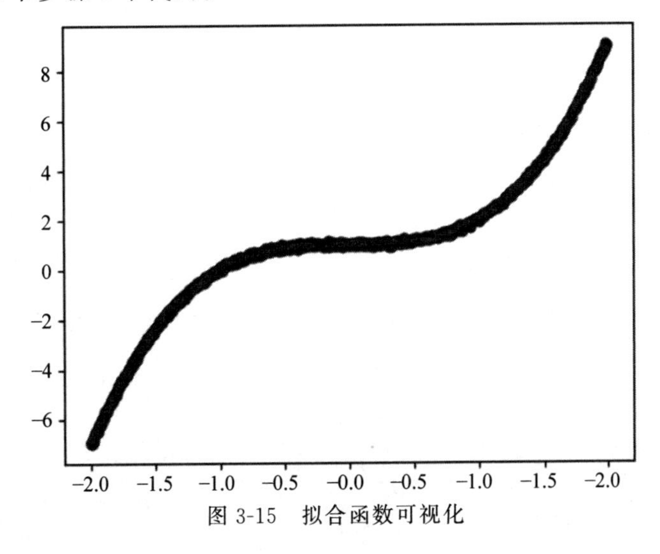


图 3-15　拟合函数可视化

## 3.7 本章小结

本章主要介绍了神经网络的基础和原理，首先对神经网络中涉及的数学知识进行介绍。然后对神经网络的模型及结构进行说明，从单个神经元到多层网络结构进行了概述，同时还介绍了神经网络中的前向传播和反向传播，并说明其传播方式的作用，接着对神经网络中常用的激活函数和损失函数进行了概述，并用图例的方式以更清楚地展示函数的作用。神经网络中常用的优化方法还有梯度下降，对于几种梯度下降方法进行了阐述。最后用一个综合案例，理论结合实际，演示了神经网络的代码组成结构，以及运行的过程。

## 思考题

（1）在机器学习中，以张量作为基本的数据结构，它的定义是什么呢？参照例子，编写一个 Python 语言程序，实现一个四维张量，并输出它的维度。

（2）感知机是由神经元构成的两层网络结构，可以解决线性问题，参照例子，编写一个 Python 语言程序，实现感知机中的“非门”功能。

（3）在人工神经网络中，常常用到激活函数，其作用是什么？除了书中所提到的常见激活函数，PReLU 为带参数激活函数，它的函数表达式为

$$f(x)=\max(ax,x)$$

参照案例，编写一个 Python 语言程序实现绘制该函数的曲线图。

（4）简述梯度下降的原理，并说明其在深度学习中的作用。

（5）在综合案例中，建立神经网络，来拟合 $y=x^3+1$ 的函数，根据案例，修改关键程序，拟合出 $y=x^4+x^2+1$ 函数。

# 第 4 章　卷积神经网络

卷积神经网络(Convolutional Neural Network,CNN)是一类特殊的人工神经网络,与其他类型的神经网络不同,它最主要的特点是卷积运算操作。因其表现的优越性,卷积神经网络被运用在许多领域的应用上,尤其在图像处理相关的方向上表现得格外好,例如图像检索、图像语义分割、物体检测等计算机视觉问题,它是计算机视觉几乎都在用的一种深度学习模型。在自然语言处理方面,人们都在试着用 CNN 来解决,而且取得了比传统方法较好的效果。

## 4.1　卷积神经网络入门

### 4.1.1　卷积神经网络概述

在前文介绍过,神经网络的产生灵感源于生物神经网络,而卷积神经网络则是生物科学和信息科学交叉衍生出来的产物。卷积神经网络的灵感是来源于生物学家对大脑视皮层的研究,在该层中视觉神经细胞对特定视觉区非常敏感。

20 世纪中期,生物学家 Hubel 和 Wiesel 对猫的大脑皮层做了大量的研究,结果表明有一些很特别的神经细胞只会对特定方向的边缘做出响应,称为感受野(Receptive Field,RF)。例如,其中的简单神经细胞会对特定朝向的线段做出反应,对其感受野内特定边缘模式最敏感;复杂的神经细胞具有较大的感受野,对模式的精确位置具有局部不变的感知,对于特定朝向的线段移动会做出反应。感知野这个概念属于生物范畴,是指视觉皮层的细胞对视野敏感的小区域,这些小区域连接起来可以覆盖整个视野。

简而言之,卷积神经网络就可以概括为一种多层神经网络,而它的上一层"相邻"感受野看成一个集合,下一层输入也看成一个集合,那么它们之间就是包含和被包含的关系,即下一层输入是上一层"相邻"感受野集合的子集,而其中的关键技术——卷积核就是如何模拟感受野的范围。

为什么说卷积神经网络的灵感源于对大脑皮层的研究呢?因为大脑皮层的视觉神经细胞有提取实物特征的能力,能将看到的东西清楚地映射到视觉神经网络上而做出反应,而机器学习中正需要寻找一个输入与输出的良好映射,这两者的目标不谋而合,所以这也是卷积神经网络在图像识别中效果很好的一个重要原因。

卷积神经网络拥有对边缘信息敏感的特性,可以提取关键特征并具有特征迁移的能力。因此,可以通过模拟大脑视觉皮层神经元的机理,实现图像特征的高度抽象。例如,想要提取图 4-1 中小螃蟹钳子的边缘,可以利用 CNN 对边缘信息(水平或者斜对角边缘)敏感的特性,直接定位到相应的关键区域,而不需要逐像素查找整个图像。

卷积神经网络除了可以进行边缘特征提取之外,还可以实现对边缘信息学习的迁

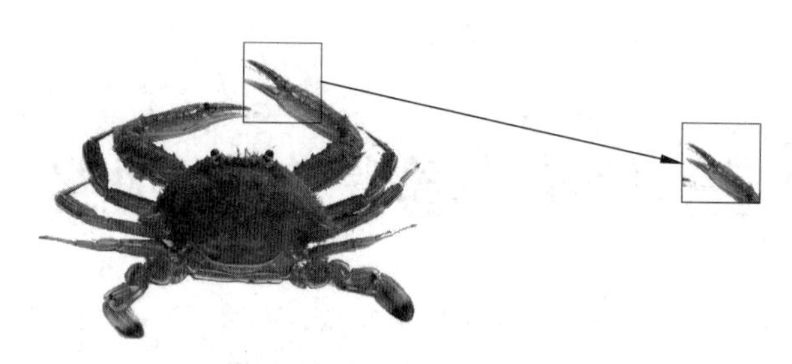

图 4-1 CNN 边缘特征提取

移，如图 4-2 所示，通过这种方式以提高图像抽取的效率，减少网络参数中的数量，从而降低计算的复杂度。尤其在 GPU 等硬件设备不足的情况下，这种迁移学习思想可以省去训练多余网络参数的麻烦，只需要在前人训练好的网络模型基础上进行修改，进而实现任务迁移。

图 4-2 CNN 边缘特征迁移

由于卷积神经网络的下一层输入是上一层相邻感受野集合的子集，因而其采用的结构中通常采用若干个卷积层和池化层交替从图像中提取特征映射，同一个特征映射平面中的一个神经元，只和部分上层神经元相连，而且与同平面的神经元共享网络权重。

### 4.1.2 卷积神经网络的结构

卷积神经网络的基本结构有输入层、卷积层、池化层、全连接层和输出层，如图 4-3 所示，通过将这些层结构堆叠起来而形成一个卷积神经网络。若增加卷积核池化层，可以得到更深层次的网络。在这些层结构中，卷积层和全连接层拥有参数，而池化层没有参数。再者，网络的训练方法使用误差反向重传算法，所以参数的更新通过反向传播实现。

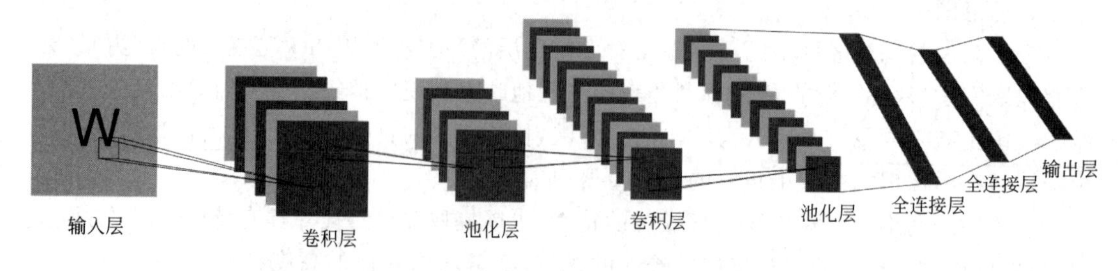


图 4-3 卷积神经网络的基本结构

### 1. 输入层

与传统神经网络和机器学习一样，模型需要在输入时进行预处理操作，常见的输入层中预处理方式有 3 种。

(1) 去均值。这是最常见的图片数据预处理，简单说来，它做的事情就是，对待训练的每一张图片的特征，都减去全部训练集图片的特征均值，这么做的直观意义就是将输入数据各个维度的数据都中心化到零了。目的是为了减小计算量，把数据从原先的标准坐标系下一个个向量组成的矩阵，变成以这些向量的均值为原点建立的坐标系。

(2) 归一化。归一化的直观理解含义是做一些工作去保证所有的维度上数据都在一个变化幅度上。通常有两种方法来实现归一化：一种方法是在数据都去均值之后，每个维度上的数据都除以这个维度上数据的标准差；另一种方法是除以数据绝对值最大值，以保证所有的数据归一化后都为－1～1。

(3) PCA/SVD 降维等，将每个像素代表一个特征节点输入进来。这是另外一种形式的数据预处理，在经过去均值操作之后，可以计算数据的协方差矩阵，从而可以知道数据各个维度之间的相关性。

### 2. 卷积层

卷积层是卷积神经网络中的基础操作，甚至在最后分类的全连接层工程实现时也是由卷积操作替代的。卷积层由多个滤波器组合，卷积是从输入图像中提取特征的第一层，卷积层的目标是提取输入数据的特征。卷积运算实际上是分析数学的一种运算方式，在卷积网络中通常仅仅涉及离散卷积的情形，其具体过程后续会讲到，在这里不做赘述。

### 3. 池化层

通常使用的池化操作是平均池化和最大值池化，需要注意的是，池化层与卷积层不同的是池化不包含需要学习的参数，使用时只需要指定池化类型、池化操作的核大小和池化的步长等超参数即可。

池化层的作用是减小卷积层产生的特征图的尺寸，其目的是为了将卷积结果进行降维。其实池化层的操作实际就是一种“降采样”操作。池化层的引入，仿照了人的视觉系统对视觉输入对象进行降维和抽象的过程。在过去关于卷积神经网络工作中，学者们和研究者普遍认为池化层有以下特点。

(1) 特征不变。池化操作使模型更关注是否存在某种特征而不是特征的具体位置。因此，可以将其看作一种很强的先验，使特征学习包含某种程度的自由度，能容忍一些特征细微的位移。

(2) 特征降维。因为池化层的降采样作用，池化的结果中的一个元素对应于原输入数据的子区域。因此，池化操作相当于在空间范围内做了维度约减，从而使得模型可以抽取更广泛的特征。同时减小下一层的输入大小，减小了计算量与参数个数，提高了整个算法的运算效率。

(3) 能一定程度防止过拟合，更方便优化。

#### 4. 全连接层

全连接是把一系列卷积核池化和步骤堆叠起来后，就可以把它们和一个全连接层连接在一起，从输入图像提高的高层级特征就会输入全连接层当中，此时就可以使用它们并基于这些特征完成实际的分类，起到一个"分类器"的作用。如果说卷积层、池化层等操作是将原始数据映射到隐层特征空间的话，全连接层则是起到了将学到的特征表示映射到样本的标记空间。

在实际使用中，全连接层可以由卷积操作实现，对于前层是全连接层的全连接层，可以将其转化为卷积核为 1×1 的卷积；而对于前层是卷积层的全连接层，则可以将其转化为卷积核为 $h\times w$ 的全局卷积，$h$ 和 $w$ 分别为前层卷积输出的高与宽。

#### 5. 输出层

需要分成几类，相应的就会有几个输出节点。每个输出节点都代表当前样本属于的该类型的概率。

## 4.2 卷积运算

卷积运算其实可以将其当作是输入样本与卷积核的内积运算。那什么是卷积核呢？卷积核是各神经元之间连接的权重，是需要在神经网络中训练的参数，如果想提高特征提取的效果，那么可以在神经网络中多设置几个卷积层，然后每个卷积层中设置多个卷积核，这样就能丰富特征，使得特征更加清晰多样。这也是为什么进行卷积运算的原因，卷积的过程可以使得原始输入的某些特征增强，类似于信号通过滤波器，降低环境中的噪声，而使得信号的特征变得更加突出明了。

样本输入后，在第一层的卷积层通过卷积运算后，就得到了特征图，所以卷积的基本过程如图 4-4 所示，其包括输入样本、卷积核和输出样本(特征图)三部分。图 4-4 中，输入样本为 5×5 大小的图片，用矩阵表示，所使用的卷积核为 3×3 大小的卷积核，所设置卷积核滑动的步长为 1，即卷积操作时每进行一次，卷积核就移动一个像素的位置，通过卷积核与输入样本的内积运算得到结果为 3×3 的特征图，所以图中输入样本灰色部分与卷积核卷积结果为卷积核的参数与对应位置图像像素相乘累加和得到一次卷积结果，如特征图中灰色部分所示，为图像的第二个像素点的卷积，即

$$\begin{bmatrix}2&0&1\\4&2&5\\3&5&6\end{bmatrix}\otimes\begin{bmatrix}1&0&1\\0&1&0\\1&0&1\end{bmatrix}=2+1+2+3+6=14$$

然后卷积核按照步长，依次从输入样本上从左至右，从上到下进行卷积操作，最终得到结果。在卷积过程中的步长可以设定为更大的值，那么得到的特征图就会越小。举个例子，若输入样本为 5×5 大小的图片，所使用的卷积核为 3×3 大小的卷积核，而所设置卷积滑动的步长为 2，则得到的结果为 2×2 大小的特征图。

卷积核大小和卷积步长是卷积操作中很重要的两个超参数。合适的超参数设置，直接

会给模型带来十分理想的性能提升。

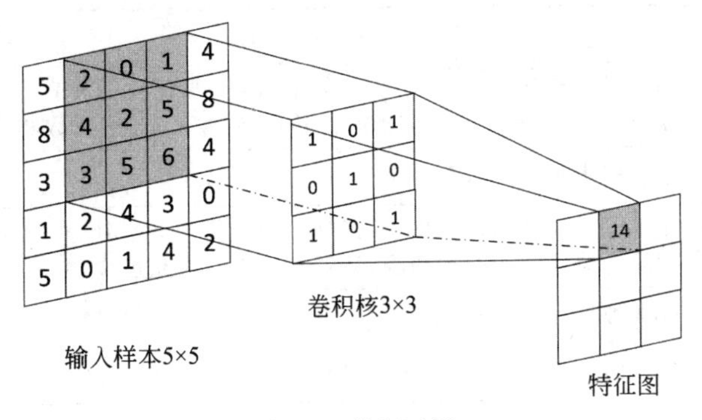


图 4-4 卷积运算

若有 3 个卷积核和输入样本进行卷积运算，则会得到 3 个结果的特征图，如图 4-5 所示，若输入样本不是二维，而是三维张量的图像时，那么卷积核就是三维立体的卷积核，那么得出的特征图也是三维张量的结果。

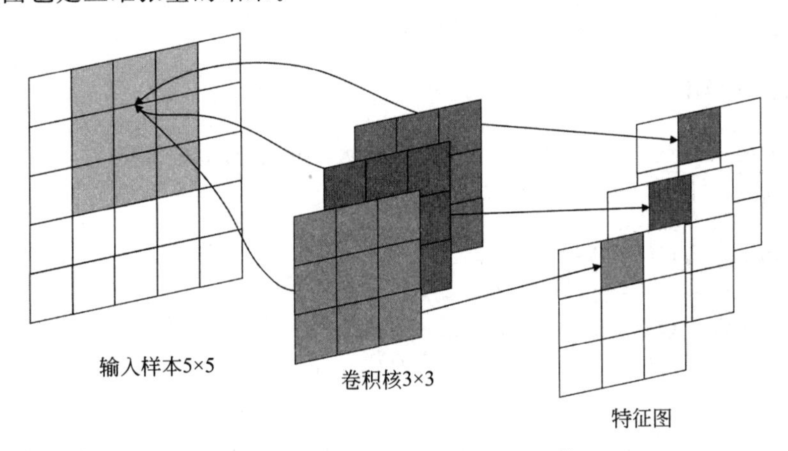


图 4-5 拥有多个卷积核的卷积运算

### 4.2.1 卷积函数

tf.nn.conv2d 为实现卷积的函数，函数形式如下：

```
tf.nn.conv2d(input,filter,strides,padding,use_cudnn_on_gpu=None name=None)
```

卷积函数相关参数如表 4-1 所示。

表 4-1 卷积函数相关参数

| 参　　数 | 说　　明 |
|---|---|
| input | 为需要进行卷积的输入样本，其必须是一个张量，有[batch，in_height，in_width，in_channels]这样的形状，4 个参量分别指的是图片的数量、高度、宽度以及通道数，这是一个四维的张量，其类型为 float32 或 float64 |

续表

| 参　　数 | 说　　明 |
| --- | --- |
| filter | 相当于卷积核，要求为张量，具有[filter_height, filter _width, in_channels, out_channels]，4 个参量分别指的是卷积高、卷积宽、通道数和滤波器个数 |
| strides | 卷积的步长，一维向量 |
| padding | 用来定义元素边框和内容的空间，参数值为 SAME 和 VALID，前者表示可填充到滤波器到达的图像边缘，后者表示为不填充边缘 |
| use_cudnn_on_gpu | bool 类型，默认为 true |
| 返回值 | 其返回值是一个张量，通常将其称作为 feature map |

### 4.2.2　卷积实例

下面通过一个例子来说明如何用代码进行简单的卷积。

**描述**：通过代码生成一个 5×5 的矩阵来模拟输入样本(图片)，定义 3×3 的卷积核，将输入样本和卷积核进行卷积操作，展示其卷积过程。

#### 1. 定义输入样本

定义 3 个输入变量，分别为 5×5 大小、5×5 大小两个通道的矩阵，4×4 大小一个通道的矩阵，3 个输入变量里全部赋给 1 值。

```
1.  import tensorflow as tf
2.  #定义输入样本
3.  input =tf.Variable(tf.constant(1.0,shape =[1,5,5,1]))
4.  input2 =tf.Variable(tf.constant(1.0,shape =[1,5,5,2]))
5.  input3 =tf.Variable(tf.constant(1.0,shape =[1,4,4,1]))
```

其中，tf.Variable 是用来初始化突变量的，shape 规定图像训练一次的数量，图片的高度、宽度以及图像通道数，例如 input 定义的是 5×5 大小的矩阵，通道数为 1，里面全部填充 1。

#### 2. 定义卷积核，规定其大小以及输入输出

```
6.  #定义卷积核
7.  filter1 =tf.Variable(tf.constant([1.0,0,0,1],shape=[2,2,1,1]))
8.  filter2 =tf.Variable(tf.constant([1.0,0,0,1,1.0,0,0,1],shape=[2,2,1,2]))
9.  filter3 =tf.Variable(tf.constant([1.0,0,0,1,1.0,0,0,1,1.0,0,0,1],shape=[2,
    2,1,3]))
10. filter4 =tf.Variable(tf.constant([1.0,0,0,1, 1.0,0,0,1,1.0,0,0,1,1.0,0,0,
    1],shape=[2,2,2,2]))
11. filter5 =tf.Variable(tf.constant([1.0,0,0,1,1.0,0,0,1],shape=[2,2,2,1]))
```

为了进行对比，这里分别定义了不同的 5 个卷积核，shape 规定卷积核的高度、宽度、通道数以及卷积核的个数，并在里面分别填入数值。对于生成卷积核的矩阵，举一个例子说

明。例如 filter3，这里定义的卷积核个数是 3 个，那么先把它们每 3 个分一组，即[1,0,0]、[1,1,0]、[0,1,1]、[0,0,1]，然后把后面两个放到前两个的下面一行对齐，则形成如下形式，如图 4-6 所示。

A1,A2,A3 B1,B2,B3
[1,0,0], [1,1,0]
[0,1,1], [0,0,1]

图 4-6 形成过程

接着 ***AB*** 两个形成形如[$\boldsymbol{A}_x$, $\boldsymbol{B}_x$]的矩阵，即 $\begin{bmatrix}1 & 1\\0 & 0\end{bmatrix}$、$\begin{bmatrix}0 & 1\\1 & 0\end{bmatrix}$、$\begin{bmatrix}0 & 0\\1 & 1\end{bmatrix}$，同理，其他的卷积核也是这种方式。

### 3. 接着步骤 1 和步骤 2 中定义的输入样本和卷积进行卷积操作

```
12. #进行卷积操作
13. result1=tf.nn.conv2d(input ,filter1,strides=[1,2,2,1],padding='SAME')
14. result2=tf.nn.conv2d(input ,filter2,strides=[1,2,2,1],padding='SAME')
15. result3=tf.nn.conv2d(input ,filter3,strides=[1,2,2,1],padding='SAME')
16. result4=tf.nn.conv2d(input2 ,filter4,strides=[1,2,2,1],padding='SAME')
17. result5=tf.nn.conv2d(input2 ,filter5,strides=[1,2,2,1],padding='SAME')
18. vresult1=tf.nn.conv2d(input ,filter1,strides=[1,2,2,1],padding='VALID')
19. result6=tf.nn.conv2d(input3 ,filter1,strides=[1,2,2,1],padding='SAME')
20. vresult6=tf.nn.conv2d(input3 ,filter1,strides=[1,2,2,1],padding='VALID')
```

该步骤是进行卷积操作，不同的输入样本和卷积核进行卷积操作。其中需要注意的是 padding 参数，在上文提到过，padding＝SAME 是可能需要补边缘的，padding＝VALID 是不需要补边缘的。例如在 result1 中，卷积为 2×2 和步长为 2 的情况下，通过计算(这里不再详细叙述，请查阅相关资料)该矩阵是需要边缘补 0 的，其过程如图 4-7 所示。

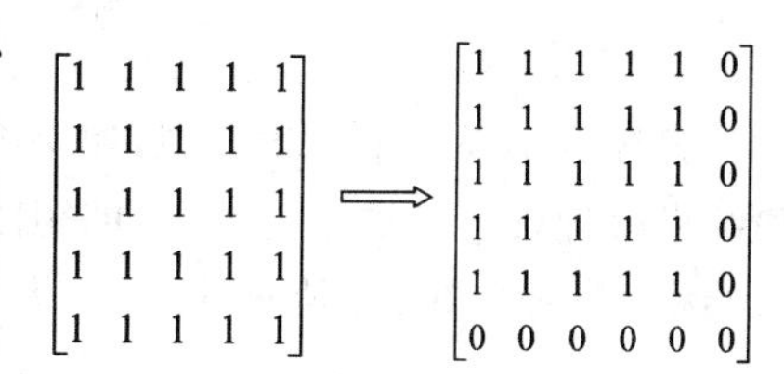

图 4-7 补边缘过程

### 4. 运行定义的卷积操作并输出结果

```
21. #运行卷积操作并输出
22. init =tf.global_variables_initializer()
23. with tf.Session() as sess:
24.     sess.run(init)
25.     print("result1:\n",sess.run([result1,filter1]))
26.     print("------------------------------")
27.     print("result2:\n",sess.run([result2,filter2]))
28.     print("------------------------------")
29.
30.     print("result3:\n",sess.run([result3,filter3]))
31.     print("------------------------------")
32.     print("result4:\n",sess.run([result4,filter4]))
33.     print("------------------------------")
```

```
34.     print("result5:\n",sess.run([result5,filter5]))
35.     print("------------------------------")
36.
37.     print("result1:\n",sess.run([result1,filter1]))
38.     print("vresult1:\n",sess.run([vresult1,filter1]))
39.     print("------------------------------")
40.     print("result6:\n",sess.run([result6,filter1]))
41.     print("vresult6:\n",sess.run([vresult6,filter1]))
```

其执行结果分别如下。

(1) 执行第 25 行代码,其运行结果如图 4-8 所示。

```
result1:
 [array([[[[2.],
         [2.],
         [1.]],

        [[2.],
         [2.],
         [1.]],

        [[1.],
         [1.],
         [1.]]]], dtype=float32), array([[[[1.]],

        [[0.]]],


       [[[0.]],

        [[1.]]]], dtype=float32)]
```

图 4-8 第 25 行代码的运行结果

直接看结果似乎不太直观,如果将其结果的过程用图解的方式会更加直观。将其过程和结果整理,input 大小为 5×5 的矩阵通过边缘补 2 后,再与 filter1 大小为 2×2 的矩阵进行卷积,得到如图 4-9 所示的 3×3 大小的矩阵。

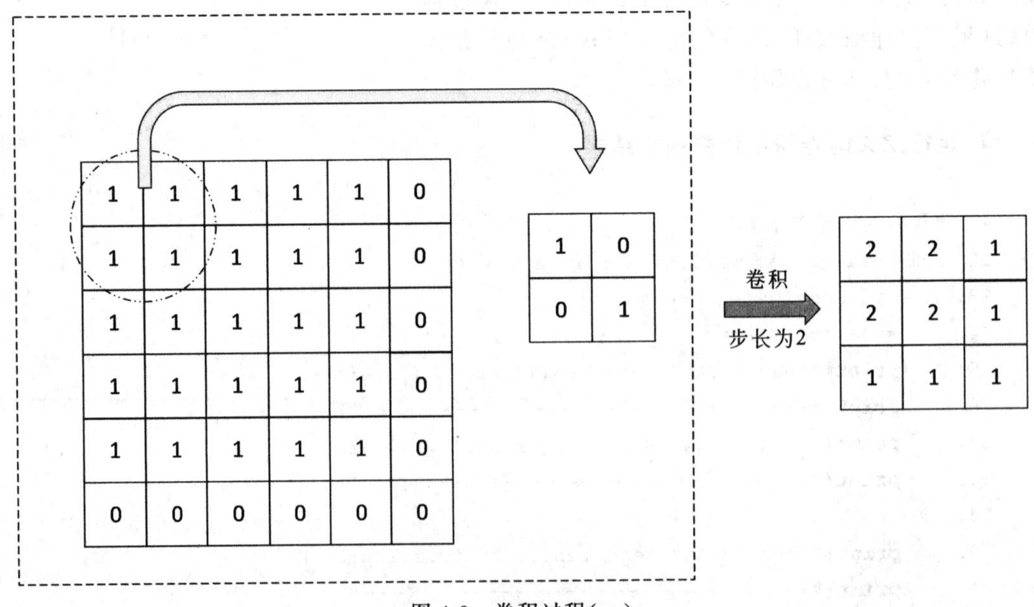


图 4-9 卷积过程(一)

(2) 执行第 27 行代码，其运行结果如图 4-10 所示。

```
result2:
 [array([[[[2., 2.],
          [2., 2.],
          [2., 0.]],

         [[2., 2.],
          [2., 2.],
          [2., 0.]],

         [[1., 1.],
          [1., 1.],
          [1., 0.]]]], dtype=float32), array([[[[1., 0.]],

         [[0., 1.]]],


        [[[1., 0.]],

         [[0., 1.]]]], dtype=float32)]
```

图 4-10　第 27 行代码的运行结果

其结果就是 5×5 的矩阵和两个 2×2 的卷积核分别进行卷积的结果，其过程如图 4-11 所示。

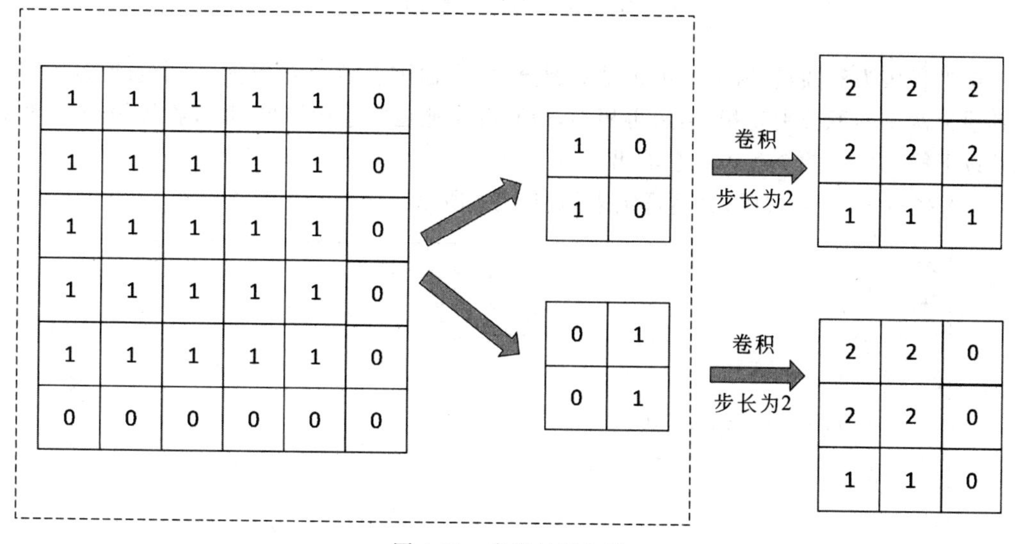


图 4-11　卷积过程(二)

(3) 执行第 30 行代码，其运行结果如图 4-12 所示。

```
result3:
 [array([[[[2., 2., 2.],
          [2., 2., 2.],
          [1., 1., 1.]],

         [[2., 2., 2.],
          [2., 2., 2.],
          [1., 1., 1.]],

         [[2., 1., 0.],
          [2., 1., 0.],
          [1., 0., 0.]]]], dtype=float32), array([[[[1., 0., 0.]],

         [[1., 1., 0.]]],


        [[[0., 1., 1.]],

         [[0., 0., 1.]]]], dtype=float32)]
```

图 4-12　第 30 行代码的运行结果

其卷积核如何判断在步骤 2 中已详细说明，在这里不再赘述，其结果就是 4×4 的矩阵和 3 个 2×2 的卷积核分别进行卷积的结果。

(4) 执行第 32 行代码，其运行结果如图 4-13 所示。

```
result4:
 [array([[[[4., 4.],
         [4., 4.],
         [2., 2.]],

        [[4., 4.],
         [4., 4.],
         [2., 2.]],

        [[2., 2.],
         [2., 2.],
         [1., 1.]]]], dtype=float32), array([[[[1., 0.],
         [0., 1.]],

        [[1., 0.],
         [0., 1.]]],


       [[[1., 0.],
         [0., 1.]],

        [[1., 0.],
         [0., 1.]]]], dtype=float32)]
```

图 4-13 第 32 行代码的运行结果

该卷积核为双通道，输入样本也是双通道，每个通道有两个卷积核，每个通道输入样本和其通道两个卷积分别卷积，然后再相加，得到两个通道的卷积结果，其过程较为烦琐，可以参照以下第(5)步，两个输入一个输出。

(5) 执行第 34 行代码，其运行结果如图 4-14 所示。

```
result5:
 [array([[[[4.],
         [4.],
         [2.]],

        [[4.],
         [4.],
         [2.]],

        [[2.],
         [2.],
         [1.]]]], dtype=float32), array([[[[1.],
         [0.]],

        [[0.],
         [1.]]],


       [[[1.],
         [0.]],

        [[0.],
         [1.]]]], dtype=float32)]
```

图 4-14 第 34 行代码的运行结果

该卷积核为双通道，输入样本也是双通道，所以该结果是卷积核对多通道输入样本的卷积操作，最后的结果是两个通道卷积的“和”。用图例更直观地表示如图 4-15 所示。

(6) 执行第 40 行和第 41 行代码，其运行结果如图 4-16 所示。

其结果和代码第 37 行和第 38 行执行的结果都是为了比较 SAME 和 VALID 区别，在这里就展示了第 40 行和第 41 行执行的结果。从结果可以看出，对于 4×4 的矩阵卷积 2×2 大小的卷积核时，在 padding='SAME'和'VALID'时生成的都是 4×2 的矩阵，因为按步长 2 进行卷积，刚好可以把数据“滑动”完，因此不需要补 0。而在第 37 行和第 38 行执行的结果中，一个生成 3×3 的矩阵，一个生成 2×2 的矩阵，因为不能处理完数据的原因，padding 参数值为 VALID 以至于卷积生成了 2×2 的矩阵。

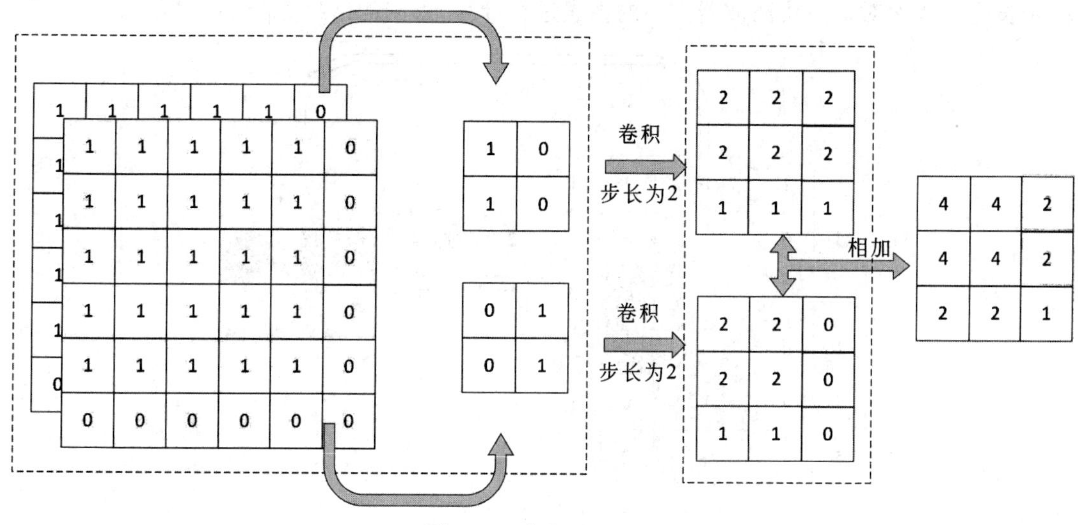


图 4-15　卷积过程(三)

```
result6:
 [array([[[[2.],
         [2.]],

        [[2.],
         [2.]]]], dtype=float32), array([[[[1.]],

        [[0.]]],


       [[[0.]],

        [[1.]]]], dtype=float32)]
vresult6:
 [array([[[[2.],
         [2.]],

        [[2.],
         [2.]]]], dtype=float32), array([[[[1.]],

        [[0.]]],


       [[[0.]],

        [[1.]]]], dtype=float32)]
```

图 4-16　第 40 行和第 41 行代码的运行结果

## 4.3　池化运算

池化的目的主要是降低图像的维度,去除掉卷积得到的特征映射中的次要部分,保留主要部分,从而减少网络中的参数,以此来降低模型的复杂度。从本质上说,池化的作用其实是对局部特征进行再次凸显和抽象,使得图像再次压缩,模型能够进一步简化,所以池化操作又被称为下采样或者降采样。

池化的算法与卷积的算法有些区别,卷积算法是对应位置的数字相乘再相加,而池化在乎的是滤波器的大小和尺寸,不关心内部的值,其算法是取滤波器内的最大值或均值。它们之间的相同点就是其两者都具有步长。

图 4-17 是最大池化的示意图,图中滤波器是 2×2 大小,步长为 2,进行最大池化,选取同色系中最大的像素点作为池化结果进行输出,如圆圈部分计算 Max(7,4,1,8)=8,同理,

按步长为 2 依次对每一块滤波器大小的像素进行计算，得到的结果如图 4-17 所示。

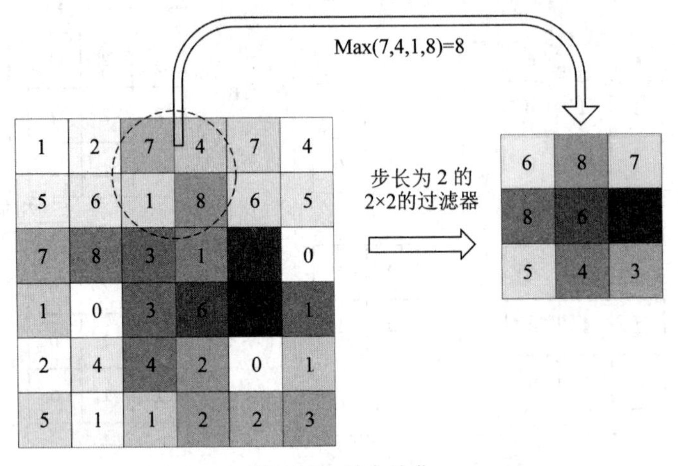


图 4-17 最大池化

除了最大池化以外，还有均值池化，其池化的过程是取图像中滤波器大小的平均值作为新的特征，其示意图如图 4-18 所示。

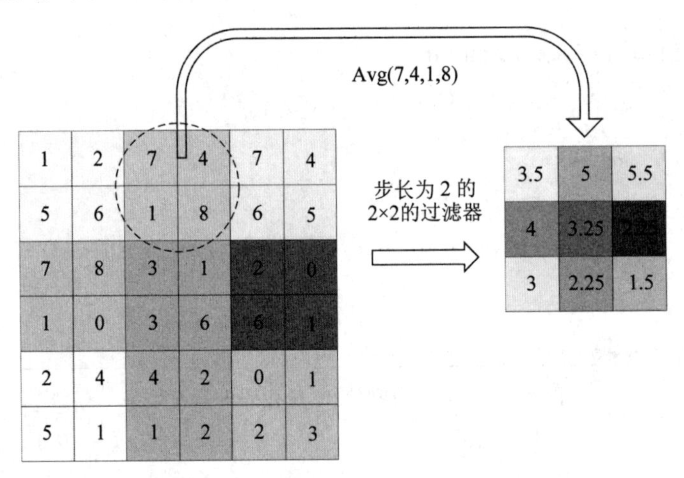


图 4-18 平均池化

### 4.3.1 池化函数

首先介绍一下池化函数：

```
1.  tf.nn.max_pool(input, ksize, strides, padding, name=None)          #最大池化
2.  tf.nn.avg_pool(input, ksize, strides, padding, name=None)          #平均池化
```

池化函数相关参数如表 4-2 所示。

表 4-2 池化函数相关参数

| 参 数 | 说 明 |
|---|---|
| input | 输入样本 |
| ksize | 池化滤波器的大小，一般为四维向量，其参数形如[1,height,width,1] |
| strides | 滤波器在每一个维度上滑动的步长，其参数形式是[1,stride,stride,1] |
| padding | 与卷积参数含义一样，取 VALID 或 SAME |

### 4.3.2 池化实例

下面通过一个例子来说明如何用代码进行池化。

**描述**：通过代码生成一个 5×5 的矩阵来模拟输入样本(图片)，给它赋予指定的值。定义 3×3 的卷积核，将输入样本和卷积核进行卷积操作，展示其卷积过程。

#### 1. 定义输入样本

```
1.  import tensorflow as tf
2.  #定义输入样本为两个通道的矩阵,大小为 6×6
3.  img=tf.constant([
4.          [0.0,4.0],[0.0,4.0],[0.0,4.0],[0.0,4.0],[0.0,4.0],[0.0,4.0],
5.          [1.0,5.0],[1.0,5.0],[1.0,5.0],[1.0,5.0],[1.0,5.0],[1.0,5.0],
6.          [2.0,6.0],[2.0,6.0],[2.0,6.0],[2.0,6.0],[2.0,6.0],[2.0,6.0],
7.          [3.0,7.0],[3.0,7.0],[3.0,7.0],[3.0,7.0],[3.0,7.0],[3.0,7.0],
8.          [4.0,8.0],[4.0,8.0],[4.0,8.0],[4.0,8.0],[4.0,8.0],[4.0,8.0],
9.          [5.0,9.0],[5.0,9.0],[5.0,9.0],[5.0,9.0],[5.0,9.0],[5.0,9.0]
10.    ])
11. img=tf.reshape(img,[1,6,6,2])
```

该步骤是定义分别在两个通道的矩阵，一个是 6 列元素为 0～5 的矩阵，一个是 6 列元素为 4～9 的矩阵，如图 4-19 所示。

$$\begin{bmatrix} 0 & 0 & 0 & 0 & 0 & 0 \\ 1 & 1 & 1 & 1 & 1 & 1 \\ 2 & 2 & 2 & 2 & 2 & 2 \\ 3 & 3 & 3 & 3 & 3 & 3 \\ 4 & 4 & 4 & 4 & 4 & 4 \\ 5 & 5 & 5 & 5 & 5 & 5 \end{bmatrix}$$

(a) 矩阵 1

$$\begin{bmatrix} 4 & 4 & 4 & 4 & 4 & 4 \\ 5 & 5 & 5 & 5 & 5 & 5 \\ 6 & 6 & 6 & 6 & 6 & 6 \\ 7 & 7 & 7 & 7 & 7 & 7 \\ 8 & 8 & 8 & 8 & 8 & 8 \\ 9 & 9 & 9 & 9 & 9 & 9 \end{bmatrix}$$

(b) 矩阵 2

图 4-19 矩阵示意图

#### 2. 定义池化操作

```
12. #定义池化操作
```

```
13. pooling=tf.nn.max_pool(img,[1,2,2,1],[1,2,2,1],padding='VALID')
14. pooling1=tf.nn.max_pool(img,[1,2,2,1],[1,1,1,1],padding='VALID')
15. pooling2=tf.nn.avg_pool(img,[1,4,4,1],[1,1,1,1],padding='SAME')
16. pooling3=tf.nn.avg_pool(img,[1,4,4,1],[1,4,4,1],padding='SAME')
17. flat =tf.reshape(tf.transpose(img),[-1,36])
18. pooling4 =tf.reduce_mean(flat,1)
```

该步骤是定义如何池化。输入样本为 img,池化滤波器前两个大小为 2×2,后两个大小为 4×4,因为池化时样本数据不够,所以需要进行边缘补 0 操作。在这里举例说明一下池化滤波器大小为 2×2 的池化过程,如图 4-20 所示。

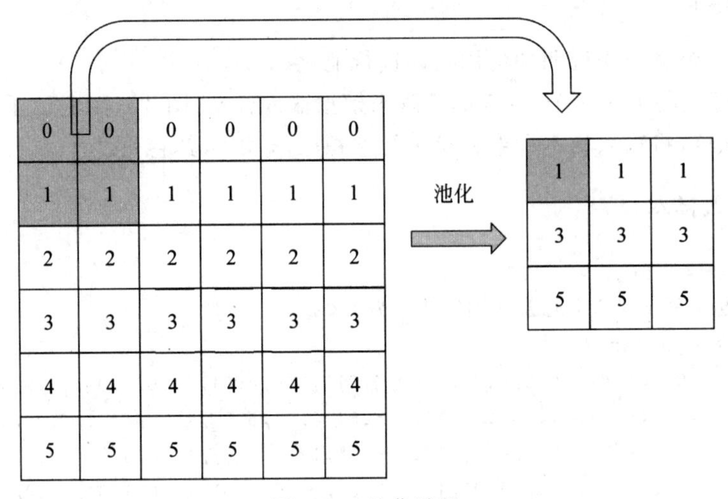


图 4-20　池化过程

### 3. 运行池化操作并输出结果

```
19. #运行池化
20. with tf.Session() as sess:
21.     print("image:")
22.     image=sess.run(img)
23.     print(image)
24.     result=sess.run(pooling)
25.     print("result:\n",result)
26.     print("------------------------")
27.     result=sess.run(pooling1)
28.     print("result1:\n",result)
29.     print("------------------------")
30.     result=sess.run(pooling2)
31.     print("result2:\n",result)
32.     print("------------------------")
33.     result=sess.run(pooling3)
34.     print("result3:\n",result)
```

```
35.     print("------------------------")
36.     flat,result=sess.run([flat ,pooling4])
37.     print("result4:\n",result)
38.     print("flat:\n",flat)
```

上述代码为运行池化操作，然后输出得到的结果，其结果如下。

(1) 执行第 23 行代码，其结果矩阵太长，在这里不进行展示，为了更好说明结果，详见图 4-19。

(2) 执行第 24 行和第 25 行代码，其运行结果如图 4-21 所示。

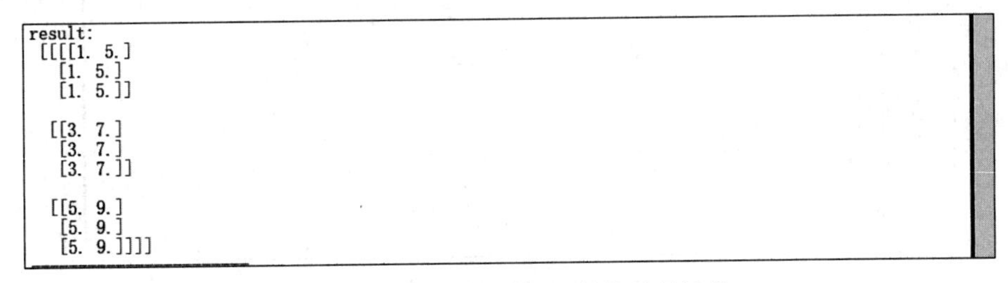

```
result:
 [[[[1. 5.]
   [1. 5.]
   [1. 5.]]

  [[3. 7.]
   [3. 7.]
   [3. 7.]]

  [[5. 9.]
   [5. 9.]
   [5. 9.]]]]
```

图 4-21　第 24 行和第 25 行的运行结果

其过程表示的是两个通道大小为 6×6 的输入样本进行池化，其池化滤波器大小为 2×2，上、下、左、右滑动的步长都为 2，进行的是最大池化，得到大小为 3×3 的矩阵，池化过程及结果如图 4-22 所示。

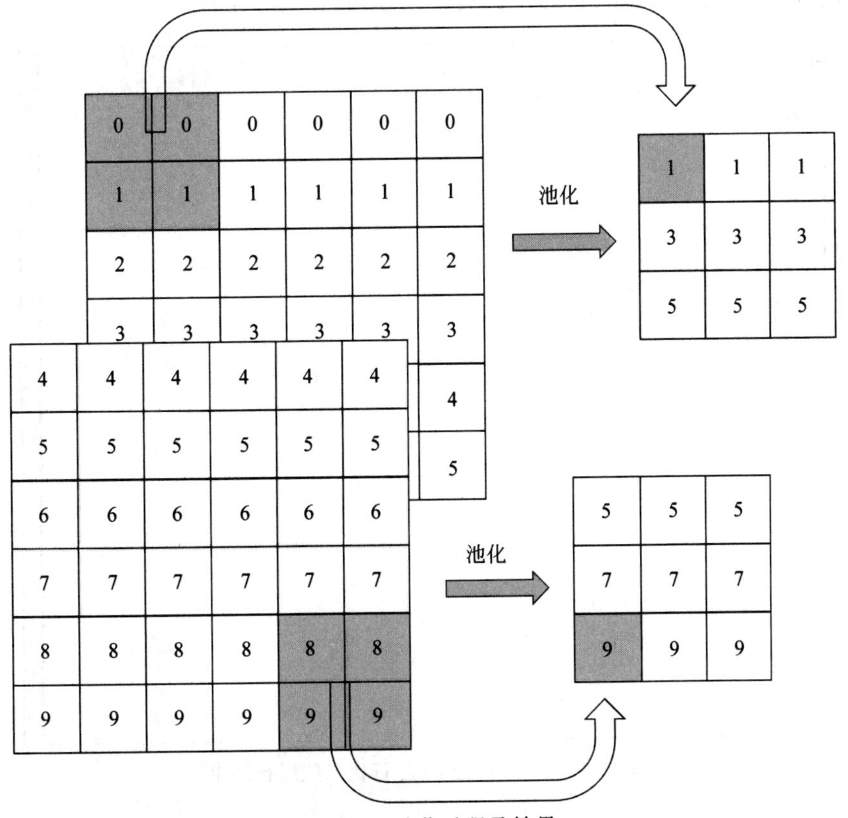


图 4-22　池化过程及结果

(3) 执行第27行和第28行代码，其运行结果如图4-23所示。

```
result1:
 [[[[1. 5.]
   [1. 5.]
   [1. 5.]
   [1. 5.]
   [1. 5.]]

  [[2. 6.]
   [2. 6.]
   [2. 6.]
   [2. 6.]
   [2. 6.]]

  [[3. 7.]
   [3. 7.]
   [3. 7.]
   [3. 7.]
   [3. 7.]]

  [[4. 8.]
   [4. 8.]
   [4. 8.]
   [4. 8.]
   [4. 8.]]

  [[5. 9.]
   [5. 9.]
   [5. 9.]
   [5. 9.]
   [5. 9.]]]]
```

图4-23 第27行和第28行代码的运行结果

其过程表示的是两个通道大小为6×6的输入样本进行池化，其池化滤波器大小为2×2，上、下、左、右滑动的步长都为1，进行的是最大池化，得到大小4×4的矩阵，池化过程如图4-22所示。

(4) 执行第30行和第31行代码，其运行结果如图4-24所示。

```
result2:
 [[[[1.  5. ]
   [1.  5. ]
   [1.  5. ]
   [1.  5. ]
   [1.  5. ]
   [1.  5. ]]

  [[1.5 5.5]
   [1.5 5.5]
   [1.5 5.5]
   [1.5 5.5]
   [1.5 5.5]
   [1.5 5.5]]

  [[2.5 6.5]
   [2.5 6.5]
   [2.5 6.5]
   [2.5 6.5]
   [2.5 6.5]
   [2.5 6.5]]

  [[3.5 7.5]
   [3.5 7.5]
   [3.5 7.5]
   [3.5 7.5]
   [3.5 7.5]
   [3.5 7.5]]

  [[4.  8. ]
   [4.  8. ]
   [4.  8. ]
   [4.  8. ]
   [4.  8. ]
   [4.  8. ]]

  [[4.5 8.5]
   [4.5 8.5]
   [4.5 8.5]
   [4.5 8.5]
   [4.5 8.5]
   [4.5 8.5]]]]
```

图4-24 第30行和第31行代码的运行结果

其过程表示的是两个通道大小为 6×6 的输入样本进行池化，其池化滤波器大小为 4×4，上、下、左、右滑动的步长都为 1，进行的是均值池化，得到大小为 4×4 的矩阵，如图 4-25 所示。

$$\begin{bmatrix} 1 & 1 & 1 & 1 & 1 \\ 1.5 & 1.5 & 1.5 & 1.5 & 1.5 \\ 2.5 & 2.5 & 2.5 & 2.5 & 2.5 \\ 3.5 & 3.5 & 3.5 & 3.5 & 3.5 \\ 4 & 4 & 4 & 4 & 4 \end{bmatrix}$$

(a) 矩阵 3

$$\begin{bmatrix} 5 & 5 & 5 & 5 & 5 \\ 5.5 & 5.5 & 5.5 & 5.5 & 5.5 \\ 6.5 & 6.5 & 6.5 & 6.5 & 6.5 \\ 7.5 & 7.5 & 7.5 & 7.5 & 7.5 \\ 8 & 8 & 8 & 8 & 8 \end{bmatrix}$$

(b) 矩阵 4

图 4-25　运行结果矩阵

(5) 执行第 33 行和第 34 行代码，其运行结果如图 4-26 所示。

```
result3:
 [[[[1. 5.]
   [1. 5.]]

  [[4. 8.]
   [4. 8.]]]]
```

图 4-26　第 33 行和第 34 行代码的运行结果

其过程表示的是两个通道大小为 6×6 的输入样本进行池化，其池化滤波器大小为 4×4，上、下、左、右滑动的步长都为 2，因为其输入样本数据不够，所以进行了边缘补 0，进行均值池化，得到了 2×2 大小的矩阵。

(6) 执行第 36 行～第 38 行代码，其运行结果如图 4-27 所示。

```
result4:
 [2.5 6.5]
flat:
 [[0. 1. 2. 3. 4. 5. 0. 1. 2. 3. 4. 5. 0. 1. 2. 3. 4. 5. 0. 1. 2. 3. 4. 5.
  0. 1. 2. 3. 4. 5. 0. 1. 2. 3. 4. 5.]
 [4. 5. 6. 7. 8. 9. 4. 5. 6. 7. 8. 9. 4. 5. 6. 7. 8. 9. 4. 5. 6. 7. 8. 9.
  4. 5. 6. 7. 8. 9. 4. 5. 6. 7. 8. 9.]]
```

图 4-27　第 36 行～第 38 行代码的运行结果

## 4.4　综合案例：手写数字识别

在前文了解了卷积神经网络的原理，接下看如何用卷积神经网络处理 MNIST 数据集，实现对手写数字识别。

### 4.4.1　MNIST 数据集初识

MNIST 是一个初级的计算机视觉数据集，数据中每一个样本都是 0～9 的手写数字，其数据包括 4 个部分，包括训练数据集，文件名为 train-images.idx3-ubyte，其中包括 50 000 张训练图片；训练标签集，文件名为 train-labels.idx1-ubyte，其中包括 50 000 个标签；测试数据集，文件名为 t10k-images.idx3-ubyte，其中包括 10 000 张测试图片；测试标签集，文件名 t10k-labels.idx1-ubyte，包含 10 000 个测试标签。

其中每张图片的像素都是 28×28 大小，为了方便存储和下载，官方对该数据集的图片都进行了处理，每一张图片被拉伸为(1,784)的向量，因此每一张图片就是 1 行 784 列的数据，括号中每一个值代表一个像素。图片数据可以以可视化的方式呈现，如以下代码。

```
1. #MNIST_data 代表存放 MNIST 数据的文件夹
2. mnist =input_data.read_data_sets("MNIST_data",one_hot=True)
3. #获取第 10 张图片
4. image =mnist.train.images[9,:]
5. #将图像数据还原成 28×28 的分辨率
6. image =image.reshape(28,28)
7. #打印对应的标签
8. print(mnist.train.labels[9])
9. #打印图片的数量、大小，标签大小
10. print(mnist.train.images.shape)
11. print(mnist.train.labels.shape)
12. plt.figure()
13. plt.imshow(image)
14. plt.show()
```

运行代码后，获取的是第 10 张照片，可以看到如图 4-28 所示。

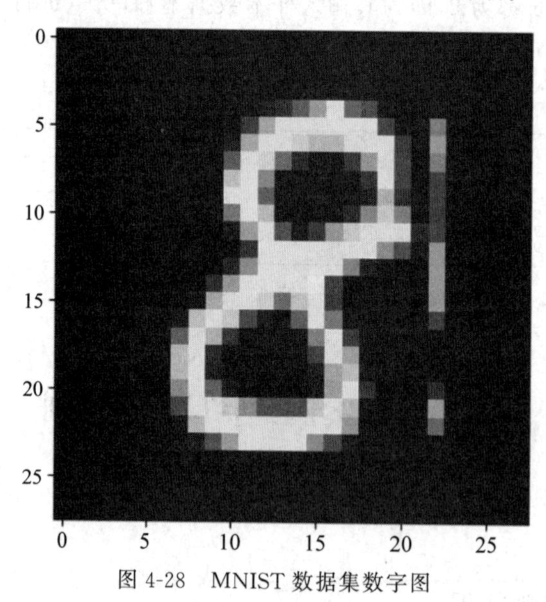


图 4-28 MNIST 数据集数字图

其另一个打印结果如图 4-29 所示，为[0. 0. 0. 0. 0. 0. 0. 0. 1. 0.]，而训练图片共 55 000 张，表示图片的向量长度为 784，标签长度为 10，但是读者可能会有疑问，怎么多出了 500 张图片，这是因为在 input_data 中，人为地增加了训练集，统共合计 5500 张图片。

```
G:\ProgramData\Anaconda3\envs\tensorflow\lib\site-packages\tensorflow\python\framework\dtypes.py:502: FutureWarning: Pas
sing (type, 1) or '1type' as a synonym of type is deprecated; in a future version of numpy, it will be understood as (ty
pe, (1,)) / '(1,)type'.
  np_resource = np.dtype([("resource", np.ubyte, 1)])
Extracting MNIST_data\train-images-idx3-ubyte.gz
Extracting MNIST_data\train-labels-idx1-ubyte.gz
Extracting MNIST_data\t10k-images-idx3-ubyte.gz
Extracting MNIST_data\t10k-labels-idx1-ubyte.gz
[0. 0. 0. 0. 0. 0. 0. 0. 1. 0.]
(55000, 784)
(55000, 10)
```

图 4-29　打印结果

### 4.4.2　手写数字识别模型构建和训练

#### 1. 下载并读取 MNIST 数据集

MNIST 数据集可以到官网 http://yann.lecun.com/exdb/mnist/下载，由 4 个文件组成。其数据集也可以通过 TensorFlow 对 MNIST 数据集进行读取和格式转换，然后从 MNIST 引入 input_data 这个类，然后调用 read_data_sets()方法。

```
1. from tensorflow.examples.tutorials.mnist import input_data
2. mnist = input_data.read_data_sets('MNIST_data', one_hot=True)
```

以上代码会下载 MNIST_data 保存在本地，如果所在目录不存在 MNIST_data 文件夹，在该目录下会自动生成这个目录，然后把下载的文件存放在该文件夹下，需要注意的是下载的文件不需要解压，因为 input_data.read_data_sets 读取的是压缩包。

#### 2. 构建模型

下载完数据集以后，要开始训练模型。本节会用卷积神经网络来构建模型，为了更加容易理解以及更好地实践，这里选择的卷积网络层数为 6 层，神经网络模型的结构如图 4-30 所示，构建模型的按顺序分别为输入层(input)、卷积层 1(conv1)、卷积层 2(conv2)、全连接层 1(fc1)、全连接层 2(fc2)、输出层(output)。

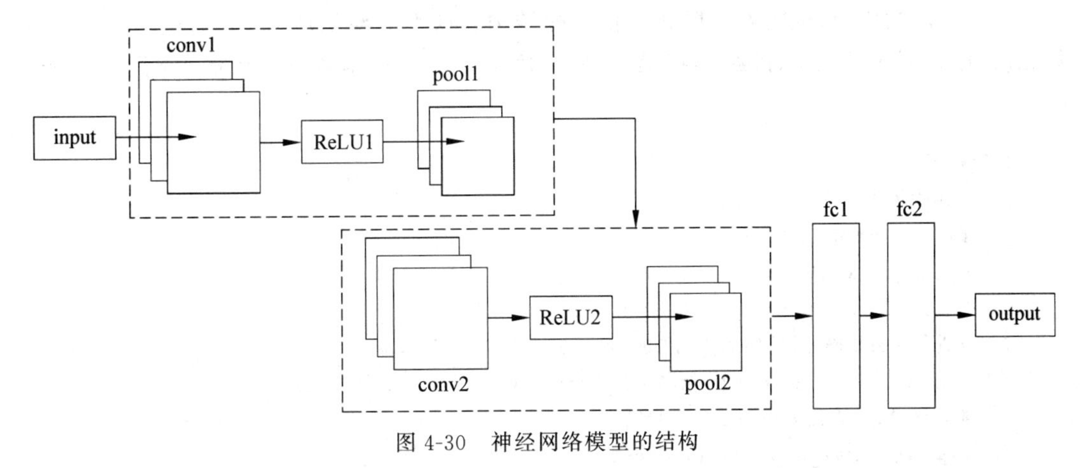


图 4-30　神经网络模型的结构

以下为代码，其中 x 代表输入，y_代表输出，placeholder 函数是在神经网络构建计算流图时在模型中的占位，换而言之就是分配一定的空间，这时还没有把数据传输到模型中去，这样可以在后续训练时动态分配。建立了 Session 后，运行模型时会通过 feed_dict 函数将数据放入占位符。

```
1. #输入输出数据的 placeholder
2. x =tf.placeholder("float", [None, 784])
3. y_ =tf.placeholder("float", [None, 10])
4.
5. #对数据进行重新排列,形成图像,适用于 CNN 的特征提取
6. x_image =tf.reshape(x, [-1,28,28,1])
```

以下代码定义几个函数，前两个函数使用 truncated_normal 产生随机数，使用 Variable 定义学习参数。一个是定义随机生成权重的函数，另一个是定义生成偏置的函数。后两个函数，一个定义卷积层，另一个定义池化层。为后面创建神经网络模型做铺垫。

```
1. def weight_variable(shape):
2.   initial =tf.truncated_normal(shape, stddev=0.1)
3.   return tf.Variable(initial)
4.
5. def bias_variable(shape):
6.   initial =tf.constant(0.1, shape=shape)
7.   return tf.Variable(initial)
8.
9. def conv2d(x, W):
10.   return tf.nn.conv2d(x, W, strides=[1, 1, 1, 1], padding='SAME')
11.
12. def max_pool_2x2(x):
13.   return tf.nn.max_pool(x, ksize=[1, 2, 2, 1],
14.                         strides=[1, 2, 2, 1], padding='SAME')
```

定义完函数之后，创建卷积层和池化层的结构。这里的卷积核为 5×5，然后给学习参数赋值，接着创建卷积层，进行卷积操作，并使用 ReLU 激活函数进行激活，最后进行池化操作。

```
1. #卷积层 1
2. #卷积核为 5×5
3. filter1=[5, 5, 1, 32]
4. W_conv1 =weight_variable(filter1)
5. b_conv1 =bias_variable([32])
6. #进行 ReLU 操作,输出大小为 28×28×32
7. h_conv1 =tf.nn.relu(conv2d(x_image, W_conv1) +b_conv1)
8. #池化操作,输出大小为 14×14×32
9. h_pool1 =max_pool_2x2(h_conv1)
10.
11. #卷积层 2
```

```
12. #卷积核为 5×5
13. filter2 =[5, 5, 32, 64]
14. W_conv2 =weight_variable(filter)
15. b_conv2 =bias_variable([64])
16. #进行 ReLU 操作,输出大小为 14×14×64
17. h_conv2 =tf.nn.relu(conv2d(h_pool1, W_conv2) +b_conv2)
18. #池化操作,输出大小为 7×7×64
19. h_pool2 =max_pool_2x2(h_conv2)
```

然后定义全连接层的结构,如以下代码所示。

```
1.  #全连接层 1
2.  W_fc1 =weight_variable([7 * 7 * 64, 1024])
3.  b_fc1 =bias_variable([1024])
4.  #输入数据变换
5.  h_pool2_flat =tf.reshape(h_pool2, [-1, 7*7*64])
6.  #进行全连接操作
7.  h_fc1 =tf.nn.relu(tf.matmul(h_pool2_flat, W_fc1) +b_fc1)
8.
9.  #dropout 的比例
10. keep_prob =tf.placeholder("float")
11. #防止过拟合,dropout
12. h_fc1_drop =tf.nn.dropout(h_fc1, keep_prob)
13.
14. #softmax
15. #全连接层 2
16. W_fc2 =weight_variable([1024, 10])
17. b_fc2 =bias_variable([10])
```

### 3. 训练模型

最后开始训练模型,训练测试后,还要打印卷积神经网络识别测试集的准确率。

```
1.  #预测
2.  y_conv=tf.nn.softmax(tf.matmul(h_fc1_drop, W_fc2) +b_fc2)
3.
4.  #计算 Loss
5.  cross_entropy =-tf.reduce_sum(y_ * tf.log(y_conv))
6.  #训练神经网络
7.  train_step =tf.train.AdamOptimizer(1e-4).minimize(cross_entropy)
8.  correct_prediction =tf.equal(tf.argmax(y_conv,1), tf.argmax(y_,1))
9.  accuracy =tf.reduce_mean(tf.cast(correct_prediction, "double"))
10. sess.run(tf.initialize_all_variables())
11. for i in range(20000):
12.   batch =mnist.train.next_batch(50)
13.   if i%100 ==0:
```

```
14.     train_accuracy =accuracy.eval(feed_dict={
15.         x:batch[0], y_: batch[1], keep_prob: 1.0})
16.     print ("step %d, training accuracy %f"%(i, train_accuracy))
17.   train_step.run(feed_dict={x: batch[0], y_: batch[1], keep_prob: 0.5})
18.
19. print ("test accuracy %f"%accuracy.eval(feed_dict={
20.     x: mnist.test.images, y_: mnist.test.labels, keep_prob: 1.0}))
```

运行代码，得到的运行结果如图 4-31 所示。

```
step 19000, training accuracy 1.000000
step 19100, training accuracy 1.000000
step 19200, training accuracy 1.000000
step 19300, training accuracy 1.000000
step 19400, training accuracy 1.000000
step 19500, training accuracy 1.000000
step 19600, training accuracy 1.000000
step 19700, training accuracy 1.000000
step 19800, training accuracy 1.000000
step 19900, training accuracy 1.000000
2020-02-22 13:43:11.787894: W tensorflow/core/framework/cpu_allocator_impl.cc:81] Allocation of 1003520000 exceeds 10% o
f system memory.
2020-02-22 13:43:12.746330: W tensorflow/core/framework/cpu_allocator_impl.cc:81] Allocation of 250880000 exceeds 10% of
 system memory.
2020-02-22 13:43:23.634907: W tensorflow/core/framework/cpu_allocator_impl.cc:81] Allocation of 501760000 exceeds 10% of
 system memory.
test accuracy 0.990800
```

图 4-31　得到的运行结果

**4. 保存模型**

首先需要建立一个 saver 和一个保存路径，然后通过调用 save 方法，自动将 Session 中的参数保存起来。

```
1.  saver =tf.train.Saver()                         #定义 saver
```

上面代码是用来建立 saver 的，该代码需要在 Session 运行之前。接着调用 save 方法保存所训练的模型，如以下代码所示。

```
1.  saver.save(sess, 'G:/**/**/model.ckpt')         #模型存储位置
```

保存模型后会在对应路径生成 4 个文件，如图 4-32 所示。

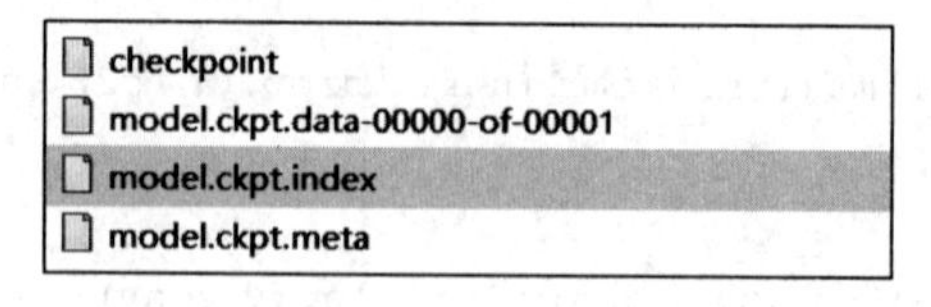


图 4-32　生成文件

**5. 测试模型**

模型存储后，接下来进行测试，以下代码为使用保存的模型来测试识别手写字体，restore 方法中的路径为保存模型时所使用的路径。

```
1.  saver.restore(sess, "G:/**/**/model.ckpt")  #使用模型，参数和之前的代码保持一致
```

```
2.
3. prediction=tf.argmax(y_conv,1)
4. predint=prediction.eval(feed_dict={x: [result],keep_prob: 1.0}, session=sess)
5. print('识别结果:')
6. print(predint[0])
```

这里读取的图，是作者通过 Adobe Photoshop CS6 制作的，当然读者也可以从 MNIST 数据集中读取，读取的图结果如图 4-33 所示。

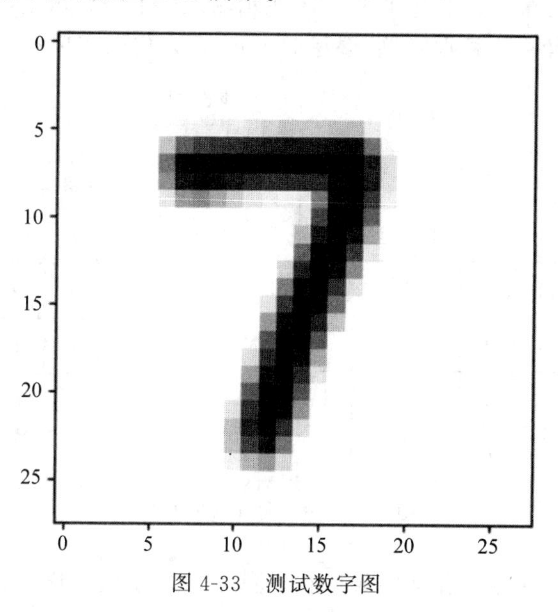


图 4-33　测试数字图

运行相关代码，得到识别的结果为 7，如图 4-34 所示。

```
(tensorflow) >python testpic.py
WARNING:tensorflow:From envs\tensorflow\lib\site-packages\tensorflow_core\python\compat\v2_comp
at.py:65: disable_resource_variables (from tensorflow.python.ops.variable_scope) is deprecated and will be removed in a
future version.
Instructions for updating:
non-resource variables are not supported in the long term
WARNING:tensorflow:From testpic.py:55: calling dropout (from tensorflow.python.ops.nn_ops) with keep_prob is deprecated
and will be removed in a future version.
Instructions for updating:
Please use `rate` instead of `keep_prob`. Rate should be set to `rate = 1 - keep_prob`.
2020-02-22 13:49:58.174223: I tensorflow/core/platform/cpu_feature_guard.cc:142] Your CPU supports instructions that thi
s TensorFlow binary was not compiled to use: AVX2
识别结果:
7
```

图 4-34　识别结果

## 4.5　本章小结

本章首先对卷积神经网络进行了概述，让读者对卷积神经网络有一个大概的了解；然后介绍了卷积神经网络的结构，主要分为输入层、卷积层、池化层、全连接层和输出层，分别对每层的功能进行了说明；接着介绍了卷积神经网络的关键技术——卷积和池化，以图例的形式说明其计算的方式，说明了用 TensorFlow 如何去实现；最后结合一个综合案例说明卷积神经网络如何运用到实际应用中，以便能够更好地去了解卷积神经网络实现的一个过程。

## 思 考 题

(1) 概述什么是卷积神经网络，并说明它有何特点。

(2) 卷积神经网络一般运用于哪些领域？其基本结构包含哪些？

(3) 什么是卷积运算？如果有如图 4-35 所示输入样本和卷积核，其中卷积步长为 1，那么它们的运算结果是什么？根据案例，编写 Python 语言代码实现。

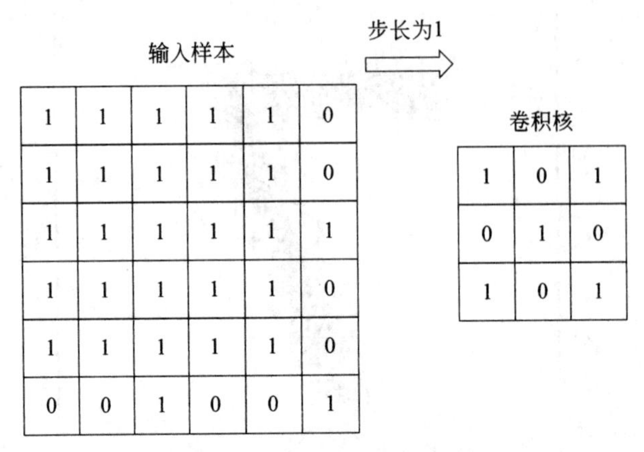


图 4-35 输入样本和卷积核

(4) 池化的目的和作用是什么？如果有如图 4-36 所示输入样本，其中卷积步长为 1，过滤器大小为 3×3，那么需要进行平均池化吗？它们的运算结果是什么？根据案例，编写 Python 语言代码实现。

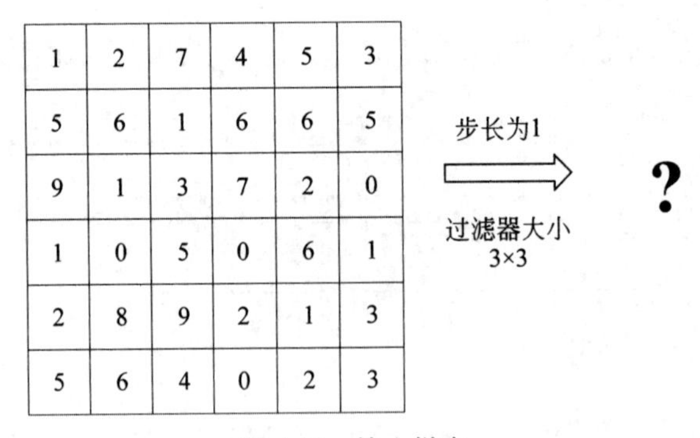


图 4-36 输入样本

(5) 在搭建卷积神经网络时，常用的数据集为 MNIST 数据集，在案例中对第 10 张图片进行了展示，可以看到是数字 8。参照案例，对代码进行修改，使得代码能够展示出第 15 张和第 28 张图片。

# 第5章　循环神经网络

回想卷积神经网络的相关知识,可以发现它们的输出只是考虑一个输入的影响,而不去考虑其他时刻输入的影响。在用卷积神经网络去实现一些实验时,如手写数字的识别、物体检测时都有较好的效果,然而对于与时间有先后顺序有关时,如文章中词句之间是有上下关联的,语音序列数据通常是连续的,所以用卷积神经网络去解决这些问题时,往往都表现得让人不是特别满意,在此情况下,循环神经网络就应运而生。

## 5.1　循环神经网络入门

### 5.1.1　循环神经网络概述

循环神经网络(Recurrent Neural Network,RNN)是一种特殊的神经网络结构,它的提出与一个观点有关——人的认知是基于过往的经验和记忆,它考虑的不仅仅是前一时刻的输入,而且给予了网络对这一时刻之前内容的一种记忆功能,所以它是与当前的输出有关,与此同时也与前面的输入有关。它具体的表现形式为网络对前面的信息记忆并应用于当前输出的计算中,也就是说,隐藏层中间的节点不再是无连接的,而是有连接的,并且隐藏层的输入包括输入层的输出,还包括上一时刻隐藏层的输出。

也因为其"记忆"的功能,需要考虑时间先后顺序的原因,所以它运用的领域也和卷积神经网络不相同。其运用领域主要是在自然语言处理、机器翻译、语音识别、图像描述生成和文本相似度计算等方向。

下面举个例子来帮助对RNN有个直观的了解。例如在人的大脑中,当获得"晴天我要玩足"信息后,大脑的语言模型会自动预测后一个字为"球",而不是"道""板"等其他字,如图5-1所示。

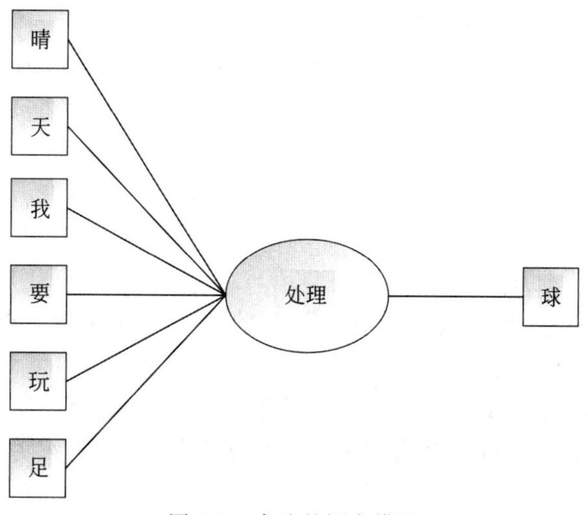


图5-1　大脑的语言模型

其逻辑并不是说前几个字都说完了以后才进入大脑来处理的，而是当一个一个的字进入大脑来处理的，如果将图中的每个字拆开来，那么在语言模型中就形成了一个循环神经网络，其逻辑可以使用伪代码来表示：

```
(input 晴 +null(空))→output 晴
(input 天 +output 晴)→output 天
(input 我 +output 天)→output 我
(input 要 +output 我)→output 要
(input 玩 +output 要)→output 玩
(input 足 +output 玩)→output 足
```

因此从伪代码可以看出，每一个预测的结果都会放到下一个输出进行运算，与下一次的输入一起来生成下一次的结果，所以更加准确的模型表达如图 5-2 所示。

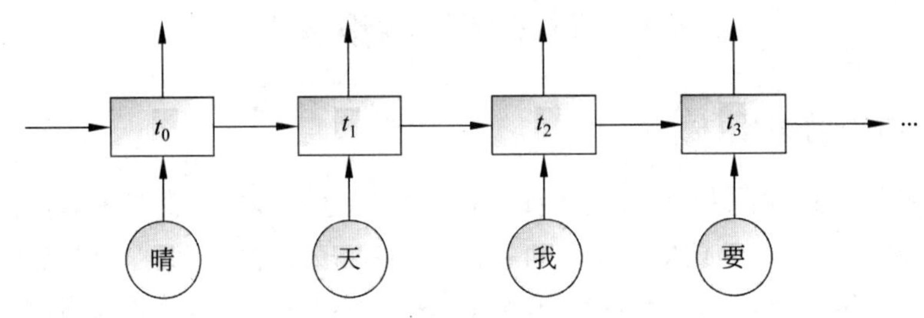


图 5-2　循环神经网络模型

### 5.1.2　序列数据

为什么在这里要提序列数据呢？因为循环神经网络模型弥补了普通神经网络的缺点，其能够对序列数据建模处理。

序列数据也称作“序列信号”，而序列信号几乎无处不在，只要有先后关系，或者时间关系的信号数据，都可以被认为是序列数据。在生活中最常见的序列数据应该要属文字了，因为书写汉字的顺序几乎都是从左到右，后面的词语依赖于前面词语的意思。因此，需要根据前面出现的词语的意思，来预测句子中后一个词语的意思。

例如，“今天天气晴朗，我要去找朋友一起去__(踢球，玩卡牌，泡温泉)”。该例子就是序列输数据，根据前面词语出现的意思，可以推测后面下画线最有可能是填“踢球”。

另外一个与序列数据有关就是语音数据。语言频率的高低代表不同词语的组合，一个高频接着一个低频就很可能是一个词语，如图 5-3 所示，后面出现的语音频率依赖于前面出现过的频率。因此，对于语音问题也可以使用循环神经网络对其进行模型建模。

其实有的看上去不是序列的数据，也可以看作序列问题，进而对其进行处理。例如，如图 5-4 所示的手写汉字。因为汉字书写是有顺序的，所以也可根据已出现的笔画，去预测下一笔画是什么，从而使用循环神经网络来预测书写的字体是什么。

循环神经网络模型的目的就是对序列数据进行建模，而序列数据是与时间先后出现有关联的数据。因为生活中大部分数据都是与时间有关联的，所以深度学习中循环网络模型变得尤其重要。

图 5-3　对语音序列可视化

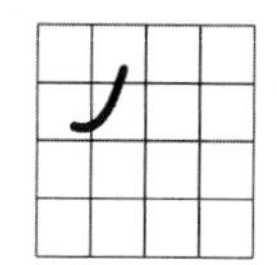 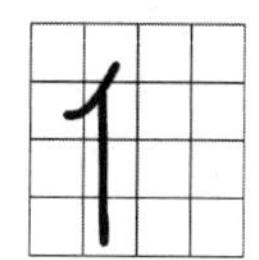 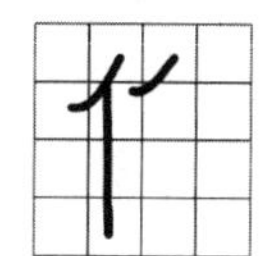 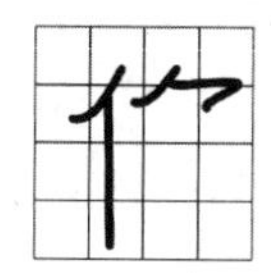   

图 5-4　手写的汉字

### 5.1.3　循环神经网络结构

在之前提到过，循环神经网络是具有时间“记忆”功能的，接下来将从它的结构来剖析为什么能实现“记忆”功能，其结构图如图 5-5 所示。从图中可以看出，其结构相较于卷积神经网络比较简单，其包括输入层、隐藏层、输出层，并且可以看到隐藏层有一个箭头表示数据的循环更新，这个就是所谓实现时间记忆功能的地方。

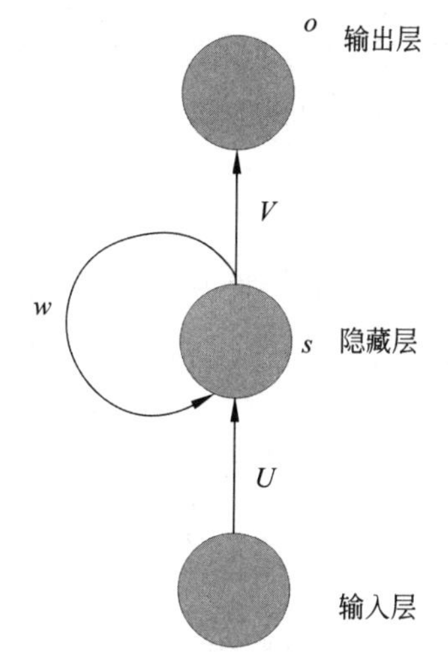


图 5-5　循环神经网络结构图

可以看出，循环神经网络这种环状结构，将同一个网络复制多次，以时序的形式将信息不断传递到下一个网络，这也就是“循环”的由来，也正是因为这样的环状结构才使其网络具备了记忆功能。上述的循环神经网络结构图可能还不是特别清晰明了，那么将其展开来观察可能会更加直观，其循环神经网络结构展开图如图 5-6 所示。

在图 5-6 中，$s_t$ 表示样本在 $t$ 时刻的记忆，$o$ 表示输出，$x$ 表示输入样本，$W$ 表示输入权重，$U$ 表示此时刻的样本权重，而 $V$ 表示输出的样本权重，其中 $s_t$ 的表达式如式(5-1)所示。

$$s_t = f(W \times s_{t-1} + U \times x_t) \tag{5-1}$$

那么，可以得出 $o_t$ 表达式如式(5-2)所示。

$$o_t = g(Vs_t) \tag{5-2}$$

其中，$f$ 和 $g$ 都为激活函数，$g$ 通常是 Softmax 函数，也可以是其他函数。可以看出，$t$ 时刻的 $s_t$ 都是由当前输入 $x_t$ 与上一时刻的状态 $s_{t-1}$ 通过函数 $f$ 计算得到的。

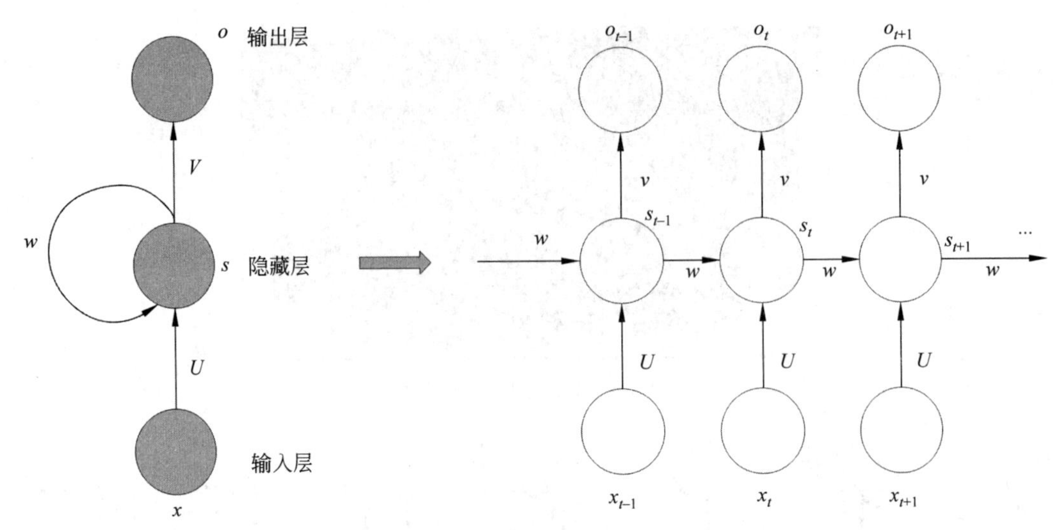


图 5-6 循环神经网络结构展开图

### 5.1.4 梯度消失和梯度爆炸

前文提到过,循环神经网络模型最初始是设计用来处理序列数据的。但如果有例句"他是一个经常会跑到我家院子里来调皮、捣蛋,但是又十分可爱的邻居家的小孩",用循环神经网络来提取句子中的句意"他是小孩",效果却十分不理想,因为循环神经网络模型很难学习到长期依赖的序列数据中的有效数据。

因为时间步 $t$ 隐藏层的权重参数为

$$\frac{\partial L_t}{\partial W}=\sum_{k=0}^{t}\frac{\partial L_t}{\partial s_k}\frac{\partial s_k}{\partial W} \tag{5-3}$$

式中 $L_t$ 表示损失函数,$W$ 表示权重,$s_k$ 表示隐藏层神经向量,将式子中$\frac{\partial L_t}{\partial s_k}$的求解用链式法则展开,可以得到式(5-4)。

$$\frac{\partial L_t}{\partial W}=\sum_{k=0}^{t}\frac{\partial L_t}{\partial s_k}\frac{\partial s_k}{\partial W}=\sum_{k=0}^{t}\frac{\partial L_t}{\partial s_k}\left(\prod_{j=k+1}^{t}\frac{\partial s_j}{\partial s_{j-1}}\right)\frac{\partial s_k}{\partial W} \tag{5-4}$$

又因为 $s_t=f(W\times s_{t-1}+U\times x_t)$,当选择 Tanh 作为激活函数时,其导数值范围为[−1,1],而选择 Sigmoid 函数作为激活函数时,其导数值为[0,0.2]。当网络序列越长时,导数相乘会越多,使得式(5-4)趋于 0。这是因为多个小于 1 的数相乘会使得结果迅速逼近 0,这种现象被称作为梯度下降或者梯度爆炸。Sigmoid 和 Tanh 函数和其导数的函数图如图 5-7 所示。

如果发生梯度消失或爆炸问题,那么就意味着距离当前时刻非常远的输入数据已经不能为当前时刻的模型参数的更新做出贡献。假如距离当前步很远的时间步对梯度的贡献为 0,那么就意味着往后的时间上状态对学习的过程没有任何帮助。这说明在还没有学习到长依赖序列数据时,循环网神经模型就已经结束训练了,这很明显达不到所需的要求。

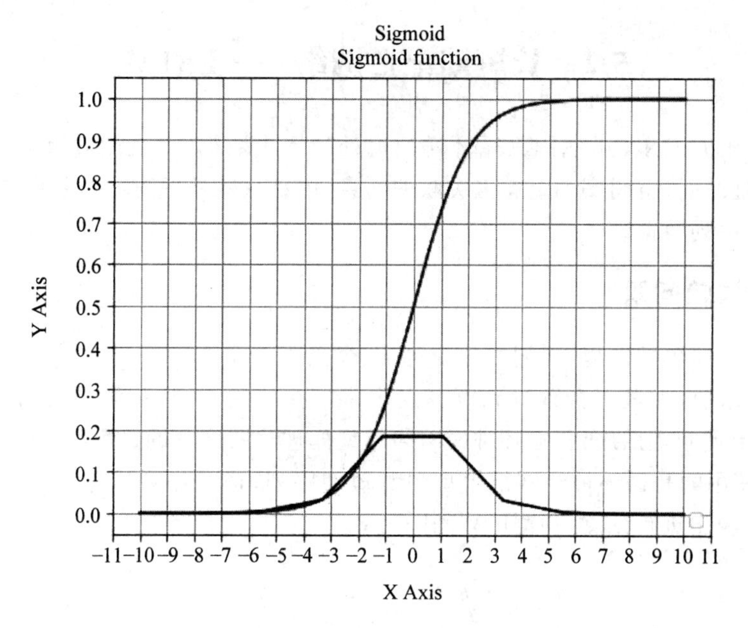


（a）Sigmoid 函数与其导数

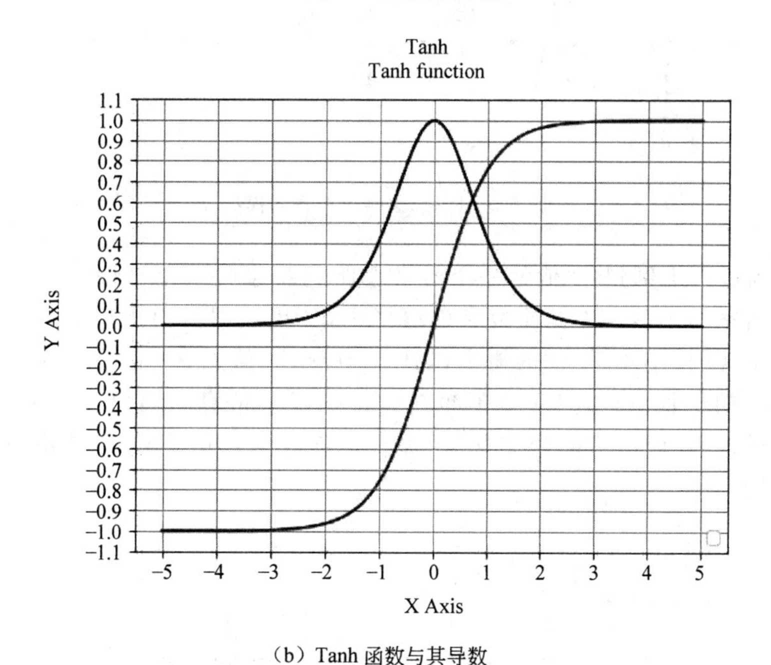


（b）Tanh 函数与其导数

图 5-7　Sigmoid、Tanh 函数与其对应的导数

正因为此问题的存在，RNN 一直在进行演变，在演化了各种版本之后，使得模型能够学习更长的序列特征，这就有了长短期记忆（Long Short-Term Memory，LSTM）的时间递归网络的出现，算是 RNN 网络中的代表，其结构也非常复杂。

## 5.2 长短期记忆网络——LSTM

5.1 节提到过，RNN 虽然因其循环递归地处理历史数据，以及能对历史记忆建模的特点，所以能处理时间、空间序列上有强关联的信息，但是只能处理简单的序列数据，并不能完美处理复杂的序列数据。

### 5.2.1 长期依赖问题

如果在一个简单的语境中，例如预测句子“今天天气晴________”中“晴”后面的字。根据 RNN 模型原理，大概率会预测到“朗”这个字。在序列较短，预测词语间隔较短的语境中，此类型的数据叫短期序列，循环神经网络模型处理这些序列的过程称为“短期记忆”。如图 5-8 所示，使用的是循环神经网络模型预测短期序列，输入序列信息为 $x_0$ 和 $x_1$，需要对时间步为 5 的输出进行预测，预测序列间隔为 3。

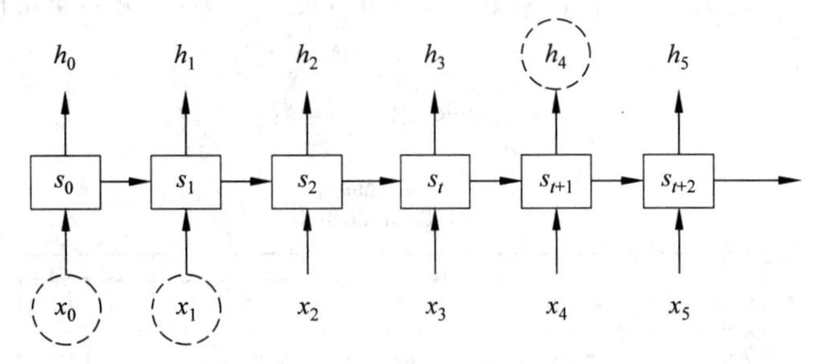


图 5-8 RNN 预测短期序列模型

前文提到过一个例句：“他是一个经常会跑到我家院子里来调皮、捣蛋，但是又十分可爱的邻居家的小孩。”在这个复杂的语境中，如果根据前面出现的词语序列“他是”去预测后面出现的“小孩”一词的概率，如图 5-9 所示，假如 $x_0$ 是“他”，$x_1$ 是“是”，已知序列 $x_0$ 和 $x_1$ 的位置信息，然后要预测 $h_{t+1}$（“孩子”）信息。类似这种情况，相关信息与预测位置较远，其时间步间隔非常大，那么会如 5.1.4 节所述，会导致梯度消失或者梯度爆炸问题。

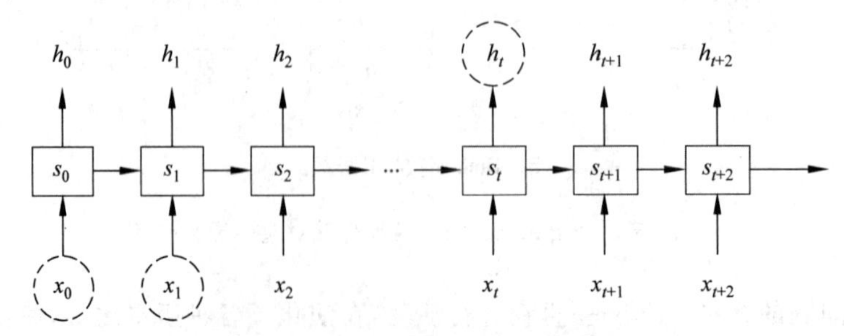


图 5-9 RNN 预测长期序列模型

### 5.2.2 长短期记忆网络结构

为了解决数列数据长期依赖的问题，有学者试图将长期依赖的序列数据转变成短序列数据，然后再用RNN来解决此问题。但是事实证明这种方法并不能达到理想的效果，还存在信息丢失的情况，因此RNN经过了许多变体，其中在近年来最受欢迎的要属长短期记忆网络——LSTM。

LSTM是一种特殊的RNN，主要是为了解决长序列训练过程中的梯度消失和梯度爆炸问题。简单来说，就是相比普通的RNN，LSTM能够在更长的序列中有更好的表现。先来看一下传统的RNN结构，如图5-10所示。

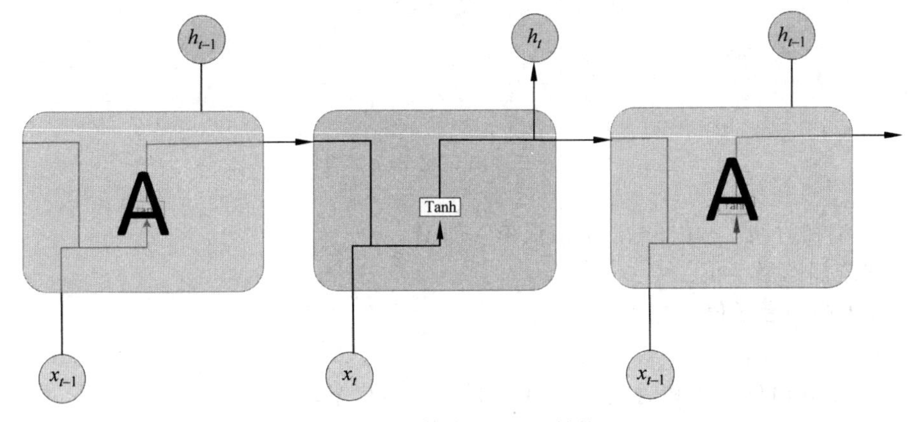


图5-10 传统的RNN结构

可以看出传统的链式循环神经网络结构中只是包含一个激活结构，如图5-10的Tanh层，而LSTM的重复性模块构建了四层网络结构，如图5-11所示。

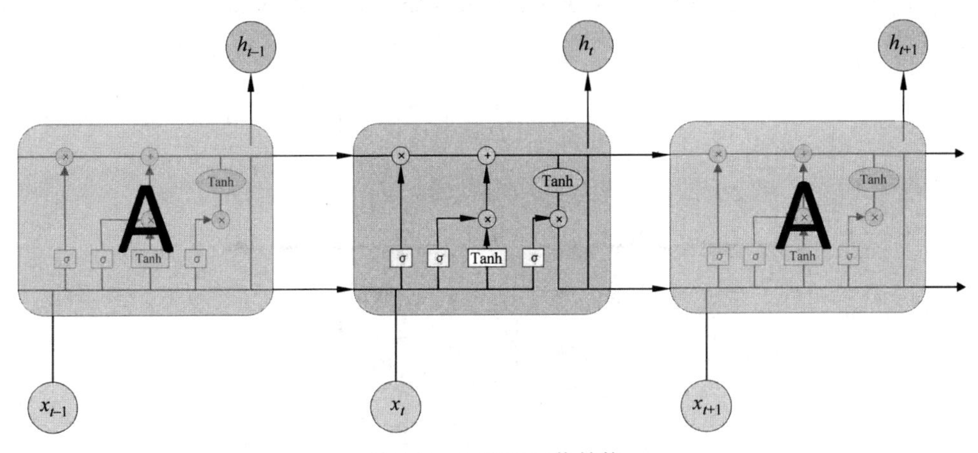


图5-11 LSTM网络结构

其中椭圆矩形表示一个具体的神经网络层，箭头表示整个数据向量，即从一个节点输出到另一个节点输入的流向，椭圆矩形里的圆圈符号是按位操作，椭圆矩形里的小矩形就是学习到的神经网络层，将其提出来观察，如图5-12所示，其用到的符号如下。

$x_t$：在时间步$t$记忆单元的输入。

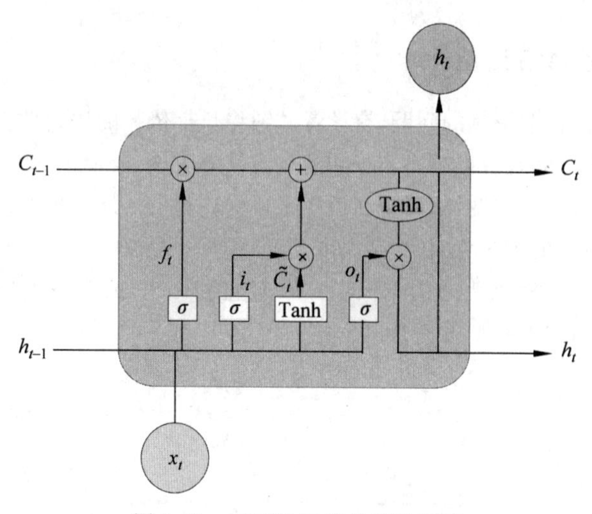


图 5-12 LSTM 记忆单元组织图

$h_t$、$h_{t-1}$：在时间 $t$ 和时间 $t-1$ 记忆单元的输入。

$f_t$：遗忘门的激活值。

$o_t$：输出门的激活值。

$i_t$：输入门的激活值。

$C_t$、$C_{t-1}$：在时间步 $t$ 和时间步 $t-1$ 记忆单元的状态。

$\widetilde{C}_t$：记忆单元的候选状态。

$b$：表示记忆单元中的偏置。

LSTM 的关键在于细胞的整个状态(椭圆矩形表示的是一个 Cell)和穿过细胞的那条线，如图 5-13 所示，细胞状态类似于传送带，直接在整个链上运行，只有一些少量的线性交

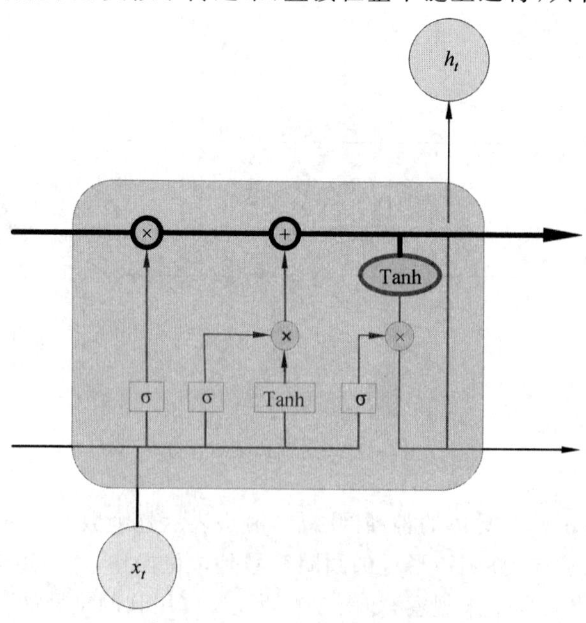


图 5-13 Cell 状态

互，信息在上面传输很容易保持不变。

### 1. 输入门

输入门决定哪些新输入的信息允许被更新，或被保存到记忆单元中。为了确定什么样的新信息可以被保存在记忆单元中，如图 5-14 线条加粗部分，需要计算激活值 $i_t$ 和时间步 $t$ 记忆单元的状态候选值 $\widetilde{C}_t$，如式(5-5)和式(5-6)。

$$i_t = \sigma(\boldsymbol{W}_i \boldsymbol{x}_t + \boldsymbol{U}_i \boldsymbol{h}_{t-1} + b_i) \tag{5-5}$$

$$\widetilde{C}_t = \mathrm{Tanh}(\boldsymbol{W}_c \boldsymbol{x}_t + \boldsymbol{U}_c \boldsymbol{h}_{t-1} + b_c) \tag{5-6}$$

式中，$\sigma$ 为激活函数，$\boldsymbol{W}_i$ 为在输入门输入控制时间步 $t$ 的输入序列数据的权重向量，$\boldsymbol{U}_i$ 为输入门输入控制时间步 $t-1$ 输入状态值的权重向量，$b_i$ 为输入门输入控制的偏置，$\boldsymbol{W}_c$ 为在输入门状态候选在实际步 $t$ 的输入序列数据的权重向量，$\boldsymbol{U}_c$ 为输入门状态时间步为 $t-1$ 输入状态值的权重向量，$b_c$ 为输入门状态候选的偏置。

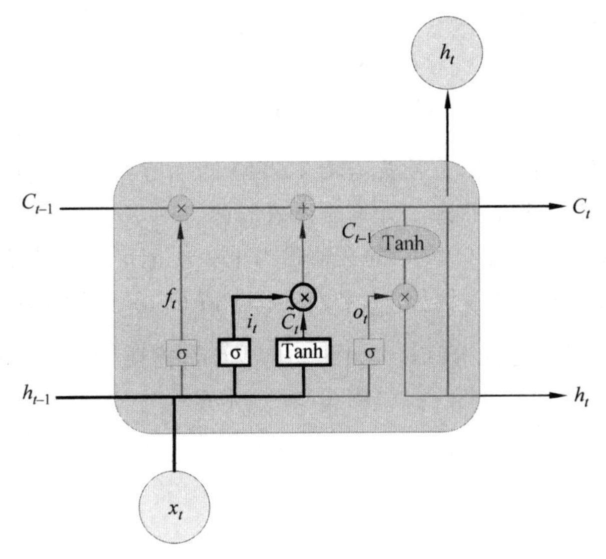


图 5-14　输入门

### 2. 遗忘门

遗忘门的作用是以一定的概率控制是否遗忘上一层的隐藏细胞的状态，其结构如图 5-15 所示。图中输入的有上一序列的隐藏状态 $h_t$ 和本序列数据 $x_t$，通过激活函数，一般使用的是 Sigmoid 激活函数，得到遗忘门的输出 $f_t$。由于 Sigmoid 激活函数的输出 $f_t$ 为 0～1，因此这里的输出代表了遗忘上一层隐藏细胞状态的概率。用数学表达式即为式(5-7)。

$$f_t = \sigma(\boldsymbol{W}_f \boldsymbol{h}_{t-1} + \boldsymbol{U}_f \boldsymbol{x}_t + b_f) \tag{5-7}$$

式中，$\sigma$ 为激活函数，$\boldsymbol{W}_f$ 为在输入门输入控制时间步 $t-1$ 的输入序列数据的权重向量，$\boldsymbol{U}_f$ 为输入门输入控制时间步 $t$ 输入状态值的权重向量，$b_f$ 为输入门输入控制的偏置。

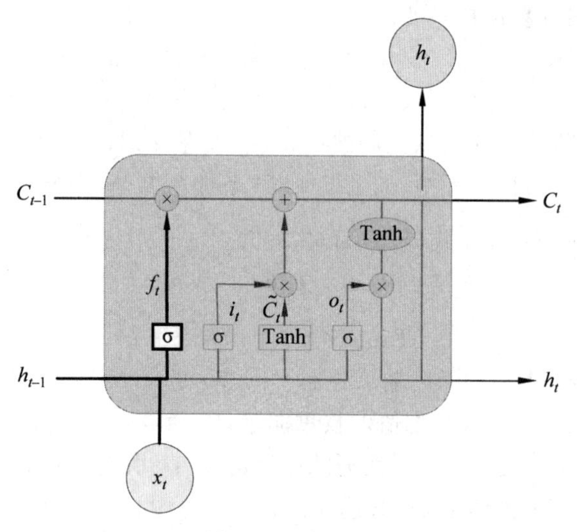


图 5-15　遗忘门

### 3. 状态更新

在研究 LSTM 输入的状态,需要先查看 LSTM 的细胞状态。该状态门用于控制记忆单元是否记住或者丢弃之前的状态。计算时读取当前时间步 $t$ 输入的信息 $x_t$ 和上一步时间步 $t-1$ 的状态输出 $h_{t-1}$,输入 0～1 的数值作为上一次记忆单元的状态。然后再计算时间步 $t$ 记忆单元处的输出门的激活值 $f_t$,和新的状态值 $C_t$,又因为在输入门中,得到了输入激活值 $i_t$ 和记忆单元的状态候选值 $\widetilde{C}_t$,如图 5-16 所示,需要计算状态更新时的激活值 $f_t$ 和当前步长 $t$ 的新状态值 $C_t$,如式(5-8)和式(5-9)所示。

$$f_t=\sigma(\boldsymbol{W}_f\boldsymbol{x}_t+\boldsymbol{U}_f\boldsymbol{h}_{t-1}+b_f) \tag{5-8}$$

$$C_t=i_t\times\widetilde{C}_t+f_t\times C_{t-1} \tag{5-9}$$

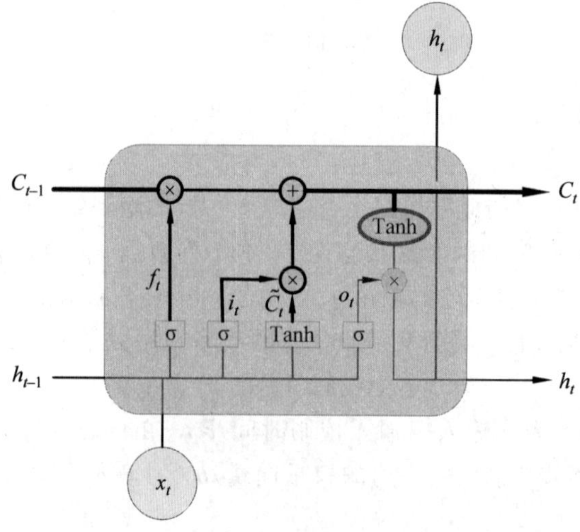


图 5-16　状态更新

式中，$\sigma$ 为激活函数，$\boldsymbol{W}_f$ 为在输入门输入控制时间步 $t$ 的输入序列数据的权重向量，$\boldsymbol{U}_f$ 为输入门输入控制时间步 $t-1$ 输入状态值的权重向量，$b_f$ 为输入门输入控制的偏置。

**4. 输出门**

输出门的作用是决定记忆单元哪些信息允许被输出。输出门的作用与输入门对称，其结构如图 5-17 黑色加粗部分所示，需要计算时间步 $t$ 就记忆单元中是输出门的输出激活值 $o_t$ 和记忆单元的输出值 $h_t$，如式(5-10)和式(5-11)所示。

$$o_t = \sigma(\boldsymbol{W}_o \boldsymbol{x}_t + \boldsymbol{U}_o \boldsymbol{h}_{t-1} + b_o) \tag{5-10}$$

$$h_t = o_t \times \mathrm{Tanh}(C_t) \tag{5-11}$$

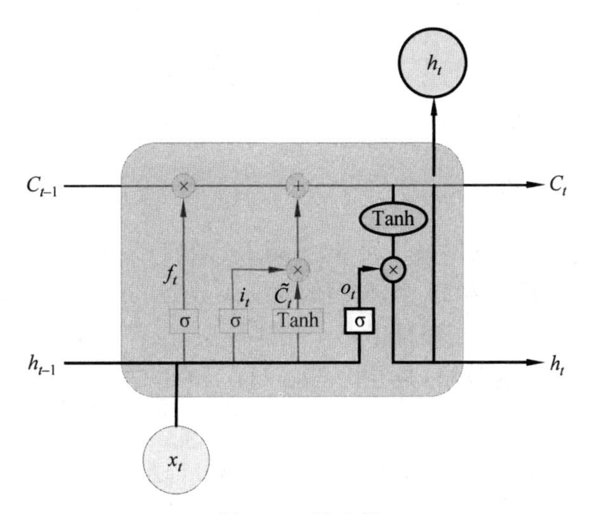


图 5-17　输出门

式中，$\sigma$ 为激活函数，$\boldsymbol{W}_o$ 为在输入门输入控制时间步 $t$ 的输入序列数据的权重向量，$\boldsymbol{U}_o$ 为输入门输入控制时间步 $t-1$ 输入状态值的权重向量。

## 5.3　综合案例：语义情感分析

LSTM 是基于 RNN 的改进，所以有很多 RNN 的应用就是 LSTM 的应用，例如文本生成、音乐合成、机器翻译等，因此 LSTM 对于序列数据的处理也是十分出色的。

本节用到的是一个关于语义情感分析的案例，该案例来源于 Github 网站。该案例首先读取数据，将句子分词，形成词向量，然后根据 LSTM 进行模型训练，随后对给定短句进行语义情感分析判断，以判断短句是正面情绪还是负面情绪。以此来展示 LSTM 网络的结构，以及运行的原理。

**1. 准备数据样本**

这里首先读取了两个数据样本：一个是 negative 数据样本，另一个是 positive 数据样本。里面分别包含了消极情绪的句子和积极情绪的句子，以此作为输入的样本，其代码如下所示。

```
1.  #加载文件
2.  def loadfile():
3.      neg =pd.read_excel('../data/neg.xls', sheet_name=0, header=None, index=
    None)
4.      pos =pd.read_excel('../data/pos.xls', sheet_name=0, header=None, index=
    None)
5.
6.      combined =np.concatenate((pos[0], neg[0]))
7.      y =np.concatenate((np.ones(len(pos), dtype=int), np.zeros(len(neg),
    dtype=int)))
8.
9.      return combined, y
```

**2. 定义 LSTM 网络结构**

这里定义了 LSTM 基本的网络单元,这里调用了在 TensorFlow 中 Keras 里面的方法,其中 lstm_cell 的 unit 的数目为 50 个,使用的激活函数为 Sigmoid 函数,dropout 进行正则化,减少过拟合,而 dense 相当于添加了一个全连接层,然后定义了损失函数 losses。最后定义优化器,使用 Adam 优化算法,是寻找全局最优点的算法。

```
1.  #定义网络结构
2.  def train_lstm(n_symbols, embedding_weights, x_train, y_train, x_test, y_
    test):
3.      print('Defining a simple Keras Model')
4.      model =tf.keras.Sequential()                    #or Graph or whatever
5.      model.add(tf.keras.layers.Embedding(output_dim=vocab_dim,
6.                          input_dim=n_symbols,
7.                          mask_zero=True,
8.                          weights=[embedding_weights],
9.                          input_length=input_length))
10.     model.add(tf.keras.layers.LSTM(activation="sigmoid", units=50,
    recurrent_activation="hard_sigmoid"))
11.
12.     model.add(tf.keras.layers.Dropout(0.5))
13.     model.add(tf.keras.layers.Dense(1))
14.     model.add(tf.keras.layers.Activation('sigmoid'))
15.
16.     print('Compiling the Model...')
17.     model.compile(loss='binary_crossentropy',
18.                 optimizer='adam', metrics=['accuracy'])
19.     print("Train...")
20.     #TensorFlow2.0.0 最新版 nb_epoch 更名为 epochs
```

```
21.         model.fit(x_train, y_train, batch_size=batch_size, epochs=n_epoch,
            verbose=1, validation_data=(x_test, y_test))
22.
23.     print("Evaluate...")
24.
25.     score =model.evaluate(x_test, y_test,
26.                               batch_size=batch_size)
27.     yaml_string =model.to_yaml()
28.     with open('../lstm_data/lstm.yml', 'w') as outfile:
29.         outfile.write(yaml.dump(yaml_string, default_flow_style=True))
30.     model.save_weights('../lstm_data/lstm.h5')
31.     print('Test score:', score)
```

### 3. 训练模型

开始训练模型。下面定义了训练模型的函数，最后保存模型，其代码如下所示。

```
1.  #训练模型,并保存
2.  def train():
3.      print('Loading Data...')
4.      combined, y =loadfile()
5.      print(len(combined), len(y))
6.      print('Tokenising...')
7.      combined =tokenizer(combined)
8.      print('Training a Word2vec model...')
9.      index_dict, word_vectors, combined =word2vec_train(combined)
10.     print('Setting up Arrays for Keras Embedding Layer...')
11.     n_symbols, embedding_weights, x_train, y_train, x_test, y_test =get_data
        (index_dict, word_vectors,combined,y)
12.     print(x_train.shape, y_train.shape)
13.     train_lstm(n_symbols, embedding_weights, x_train, y_train, x_test, y_
        test)
```

### 4. 执行结果

最后是执行方法，对参数进行语义情感分析判断。代码如下所示。

```
1.  #执行结果
2.  def lstm_predict(string):
3.      print('loading model......')
4.      with open('../lstm_data/lstm.yml', 'r') as f:
5.          yaml_string =yaml.load(f,Loader=yaml.FullLoader)
6.      model =tf.keras.models.model_from_yaml(yaml_string)
7.
8.      print('loading weights......')
```

```
9.      model.load_weights('../lstm_data/lstm.h5')
10.     model.compile(loss='binary_crossentropy',
11.                   optimizer='adam', metrics=['accuracy'])
12.     data =input_transform(string)
13.     data.reshape(1, -1)
14.
15.     #print data
16.     result =model.predict_classes(data)
17.     print(result)
18.     if result[0][0] ==1:
19.         print(string, ' positive')
20.     else:
21.         print(string, ' negative')
22.
23. if __name__ =='__main__':
24.     train()
25.     string ='心情有一种无助加无奈的感觉,像是飘荡的炊烟。内心有一种空落落的忧愁感,
        像是被风吹起的沙尘,令人忧伤。'
26.     #进行语义情感分析判断
27.     lstm_predict(string)
```

通过运行程序,训练模型,对句子进行语义情感分析,得到的结果如图 5-18 所示,结果为消极情绪。

```
==================================] - 2s 423us/sample - loss: 0.3295 - accuracy: 0.9022
Test score: [0.30583215017534493, 0.9021559]
loading model......
G:\ProgramData\Anaconda3\envs\tensorflow\lib\site-packages\tensorflow_core\python\keras\saving\model_config.py:76: YAMLL
oadWarning: calling yaml.load() without Loader=... is deprecated, as the default Loader is unsafe. Please read https://m
sg.pyyaml.org/load for full details.
  config = yaml.load(yaml_string)
loading weights......
[[0]]
心情有一种无助加无奈的感觉, 像是飘荡的炊烟。内心有一种空落落的忧愁感, 像是被风吹起的沙尘, 令人忧伤。  negative
```

图 5-18　运行结果(一)

下面通过模型分析另一种情感的句子。因为在以上代码中,已经对模型进行了训练,并对模型进行了保存,所以接下来只需要直接定义一个句子,然后通过加载已保存的模型,对该句子进行语义进行情感分析即可,其代码展示如下所示。

```
25.     string = '今天阳光和煦,清风徐来,微风轻轻抚摸着我的脸颊,窗外的风景也让人心旷神
        怡,使人心情格外爽朗!'
```

通过运行程序,调用已保存的训练模型,得到的输出结果如图 5-19 所示,可以观察到其结果为积极情绪。

**5. 情感分析的难点**

情感分析或观点挖掘是对人们对产品、服务、组织、个人、问题、事件、话题及其属性的观

```
oadWarning: calling yaml.load() without Loader=... is deprecated, as the default Loader is unsafe. Please read https://m
sg.pyyaml.org/load for full details.
  config = yaml.load(yaml_string)
loading weights......
Building prefix dict from the default dictionary ...
Loading model from cache C:\Users\HP\AppData\Local\Temp\jieba.cache
Loading model cost 0.802 seconds.
Prefix dict has been built succesfully.
[[1]]
今天阳光和煦，清风徐来，微风轻轻抚摸着我的脸颊，窗外的风景也让人心旷神怡，使人心情格外爽朗！  positive
```

图 5-19　运行结果(二)

点、情感、情绪、评价和态度的计算研究。情感分析主要有三种粒度。

(1) 文档粒度(Document Level)：文档级情感分类是指为观点型文档标记整体的情感倾向/极性，即确定文档整体上传达的是积极的还是消极的观点。因此，这是一个二元分类任务，也可以形式化为回归任务，例如为文档按 1～5 星评级。一些研究者也将其看成一个五类分类任务。

(2) 句子粒度(Sentence Level)：语句级情感分类用来标定单句中的表达情感。正如之前所讨论的，句子的情感可以用主观性分类和极性分类来推断，前者将句子分为主观或客观的，而后者则判定主观句子表示消极或积极的情感。在现有的深度学习模型中，句子情感分类通常会形成一个联合的三类别分类问题，即预测句子为积极、中立或消极。

(3) 短语粒度(Aspect Level)：也称为主题粒度，每一个短语代表了一个主题，需同时考虑情感信息和主题信息(情感一般都会有一个主题)。给定一个句子和主题特征，短语情感分类可以推断出句子在主题特征的情感极性/倾向。例如，句子“屏幕很清晰但是电池寿命太短了”中，如果主题特征是“屏幕”，则情感是积极的；如果主题特征是“电池”，则情感是消极的。

情感分析这个任务本身很难。目前技术都是基于大量的数据训练复杂的模型，以此来支持不同场景的应用。从而核心困难包括模型和数据两个方面。

一方面，情感是人类的一种高级智能行为，需要模型能够在语义层面理解文本的情感倾向，绝对不是靠写几个正则表达式就能完成的。另一个问题是相关性，例如一句“宝某车很差，但奔某车很好，外形漂亮，LOGO 大气，音响绝佳，等等”，虽然整条文本整体偏正面，毕竟绝大多数内容都在赞美某车。但如果要监测的企业是宝某，那就太负面了。于是延伸出三元组类抽取、句法分析、词搭配等问题。更为麻烦的还有中文的博大精深，例如正话反说、低级红高级黑等，就更不能局限于单条文本自身了，而必须还要考虑上下文，又可能涉及一些消歧、上下文分类等问题。

另一方面，不同领域(如餐饮、体育)的情感表达方式各不相同，即便是同一场景的表达也极其复杂。难度主要在于准确挖掘产品属性(一般用关联规则)，并准确分析对应的情感倾向和情感强度。首先要找到评论里面的主观句子，再找主观句子里的产品属性，再计算属性对应的情感分。只有把语料库的基础打牢固了，前期情感标签准确度提升了，后面的准确分析才有可能。所以需要有大规模覆盖各个领域的优质数据支撑模型训练。但是市面上大多数语料库都是基于商品评论的，比如计算机、相机、酒店等。新闻评论这样的文章中，标注很细致的语料库不多。

## 5.4 本章小结

本章主要介绍循环神经网络。首先从循环神经网络的概念入手，简单介绍了循环神经网络的概念，以及循环神经网络运用的领域；由于循环神经网络主要是对序列数据进行处理，为此介绍了序列数据的相关知识；接下来主要阐述循环神经网络的结构，并说明了因其结构原因会出现的梯度消失和梯度爆炸；接着阐述了长短期记忆网络可以解决该问题而应运而生的原因，并介绍了其网络结构；最后用一个综合案例展示 LSTM 的代码结构，以及其原理和实现过程。

## 思考题

(1) 简述什么是循环神经网络，它主要运用于哪些领域？循环神经网络由哪几部分组成？其结构有何特点？

(2) 简要说明为什么会产生梯度消失和梯度爆炸的问题。由此衍生出了什么网络结构？

(3) 长短期记忆网络的英文名全称是什么？它的结构包含哪些部分？

(4) 在 LSTM 网络的综合案例中，其定义的网络结构中使用了激活函数。参照案例，将网络结构中的激活函数替换成 Tanh 函数，并将 LSTM 的中的隐藏的网络单元增加到 60 个。

(5) 在本章综合案例中使用的是 LSTM 网络结构实现情感分析。LSTM 是 RNN 的一种变体，用 Python 语言，以 RNN 网络结构实现该案例，观察两者之间的差别。

# 第6章 生成对抗网络

生成对抗网络(Generative Adversarial Network,GAN)虽然是近几年提出的新型网络,但是已经成为深度学习中的主流技术之一,并且运用在多个领域。由 Ian Goodfellow 提出的生成对抗网络,与 Geoffrey Hinton 和 Terry Sejnowski 提出的玻尔兹曼机、Dana H. Ballard 提出的自动解码器,并称为无监督学习领域的三驾马车。

## 6.1 生成对抗网络初识

### 6.1.1 生成对抗网络概述

生成对抗网络是 Ian Goodfellow 在 2014 年提出来的一种基于博弈论中二人零和游戏的机器学习的新框架。生成对抗网络主要用于模拟目的,其核心是生成器 G(Generate)和判别器 D(Discriminate)。生成器 G 会尝试在某个特定的概率分布中产生数据样本,而判别器 D 会判别输入的数据是来自于原始的训练集,还是来自于生成器产生的数据。

如何了解生成对抗网络可以通过一个例子来说明。首先可以将生成器看成专门做赝品的贩子,然后把判别器看作能够识别赝品的专家。贩子期望自己蒙骗过关的手艺能够更加精湛,以至于能够骗过识别赝品的专家。最初的时候,因为其工艺粗糙,贩子做的赝品一眼便能被专家识破。然后贩子根据专家识别的结果,一直改进自己的制作手艺,使赝品更加逼近"真"品,最后连专家都难辨真假,这时候制作赝品的贩子的能力就等同于制作者的能力。

### 6.1.2 生成对抗网络基本模型

为了更好地理解生成对抗网络,以上例子的结构模型可以表示为图 6-1。生成对抗网络的核心在上文已经提过,分别为生成器和判别器。贩子就好比生成器,专家就好比判别

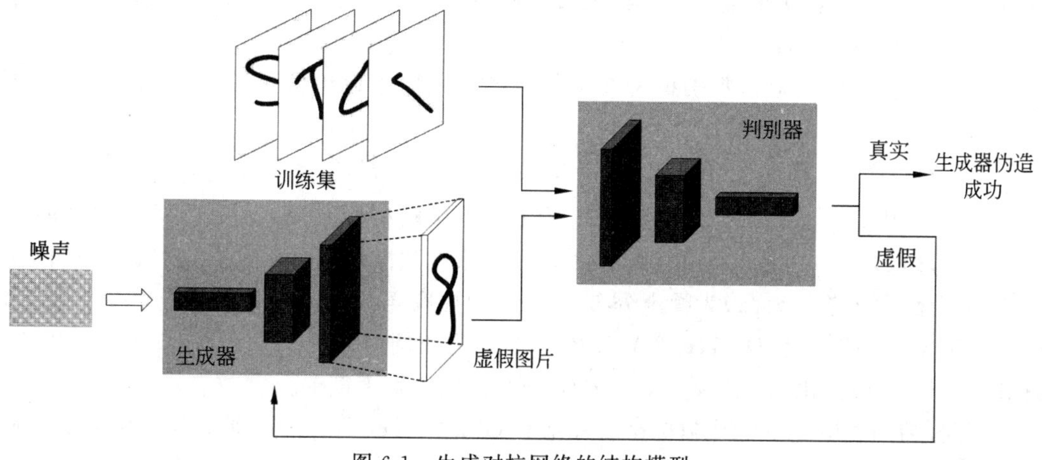


图 6-1 生成对抗网络的结构模型

器，生成器要做的事情，就是生产一堆“赝品”让判别器识别，并根据专家的评判结果，不断优化“赝品”，以达到以假乱真的地步。判别器要做的事情，就是不断识别这些“赝品”，并把判别结果反馈给贩子，让贩子的手艺越来越高超，直到自己也难分真假。

## 6.2　生成对抗网络的基本原理

生成对抗网络中其中一个难点是训练，因为一方面需要对输入正确的数据让判别器网络进行识别，另外一方面需要让生成器生成伪造数据，并输入到识别器网络，然后再将识别器网络的结果返回给生成器网络，让其对参数进行改进。在此过程中存在不稳定性，若识别器网络改进速度比生成器快，那么生成器产生的数据将永远不可能骗过识别器的数据，于是循环就没有办法结束。生成对抗网络的执行流程如图 6-2 所示。

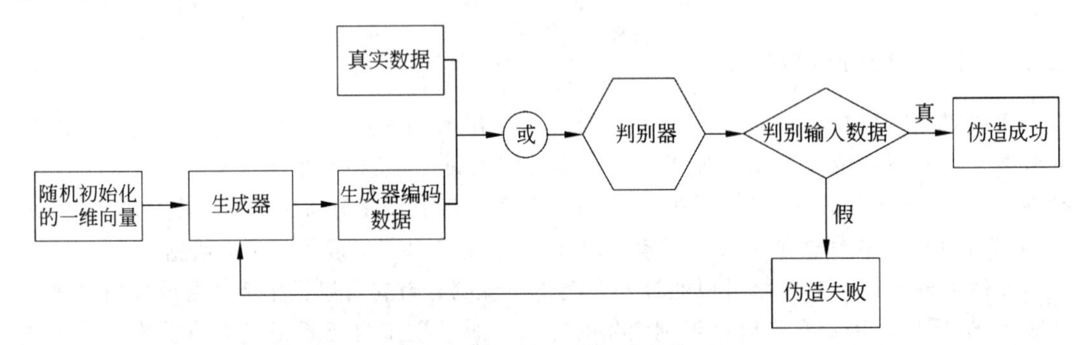


图 6-2　生成对抗网络的执行流程

如图 6-2 所示，在生成对抗网络中需要同时训练一个生成模型 G 和判别模型 D。在生成模型 G 从一个预先定义好的噪声分布 $p_z(z)$ 中随机抽取一个噪声向量 $\boldsymbol{z}$ 作为输入，生成一个假样本 $G(\boldsymbol{z};\theta_g)$，其中 $\theta_g$ 包含了生成模型的参数。判别模型 $D(x;\theta_d)$ 将真实样本和假样本分作为正例和负例输出，并进行二分类判别，其中 $\theta_d$ 包含了判别模型的参数。

生成模型和判别模型的训练是交替进行的。在训练生成模型时，固定判别模型，通过优化参数 $\theta_g$ 来最小化损失函数 $\ln(1-D(G(\boldsymbol{z})))$。在训练判别模型时，固定生成模型，通过优化 $\theta_d$ 来最小化损失函数 $\lg(1-D(x))$。

简而言之，生成模型和判别模型在进行一场极大极小化价值函数 $V(G,D)$ 的二人博弈，其表达式如式(6-1)所示。

$$V(G,D)=E_{x\sim P_{\mathrm{data}}}[\lg D(x)]+E_{x\sim P_z(z)}[\ln(1-D(G(\boldsymbol{z})))]\rightarrow \min_G \max_D \tag{6-1}$$

式(6-1)中，$P_{\mathrm{data}}(x)$ 为真实数据分布，在其分布中随机抽取样本 $x$，判别模型 $D(x;\theta_d)$ 应为正例，即 $D(x;\theta_d)=1$，所以应当优化参数 $\theta_d$ 来找到极大化 $E_{x\sim P_{\mathrm{data}}}[\ln D(x)]$ 的判别模型 D，$E$ 为数学期望。$p_z(\boldsymbol{z})$ 为噪声分布，在分布中抽取样本 $\boldsymbol{z}$，生成模型会成生一个假样本 $G(\boldsymbol{z};\theta_g)$，对于判别模型 $D(G(\boldsymbol{z};\theta_z);\theta_d)$ 应该判定为负例，即 $D(G(\boldsymbol{z};\theta_z);\theta_d)=0$，所以应当优化 $\theta_d$ 来找到极大化 $E_{x\sim P_z(z)}[\ln(1-D(G(\boldsymbol{z})))]$ 的判别模型 D。

因此，判别模型 D 的优化目标是极大化 $V(G,D)$，目的是为了辨别真实样本和假样本，而生成模型 G 的优化目标与判别模型相反，因为要达到以假乱真，所以要极小化 $V(G,D)$，这就是博弈。

生成对抗网络的目的就是为了让生成模型和真实数据之间相差无二，达到以假乱真的地步。

## 6.3　综合案例：仿照手写字体

在第 4 章中卷积神经网络用到 MNIST 手写字体数据集，在本节中，生成对抗网络案例也会用到此数据集。

生成对抗网络拥有伪造而以假乱真的能力。案例的思路是：首先输入大量的手写数字图片，然后一方面让生成对抗网络训练图片，以锻炼其识别图片的能力；另一方面让生成网络构造图片让识别网络进行识别。若是没有通过判别者网络的识别，那么就调整生成者网络参数，使得构造的图片接近"真"，直到判别者网络识别不出真假为止，那么生成者构造的网络所生成的图片就几乎等同于手写数字图片了。

### 1. 导入相关文件模块

```
1. import tensorflow.compat.v1 as tf
2. tf.disable_v2_behavior()
3. import numpy as np
4. import pickle
5. import matplotlib.pyplot as plt
```

以上代码为导入相关文件模块，较常见的模块不予详细介绍，其中 pickle 模块主要实现了数据序列和反序列化，而且它能够把 Python 对象直接保存到文件，而不需要把它们转化为字符串，也不用底层的文件访问操作把它们写入一个二进制文件中。

### 2. 读取手写字体数据

```
1. from tensorflow.examples.tutorials.mnist import input_data
2. mnist = input_data.read_data_sets('./data/')
3. img = mnist.train.images[50]
```

以上代码为读取 MNIST 数据，通过 input_datavs 中的方法，读取数据并进行格式转换，同时通过数据中的训练数据，对图片进行定义。

### 3. 定义输入数据

```
1. def get_inputs(real_size, noise_size):
2.     """
3.     定义真实图像与噪声图像
4.     """
5.     real_img =tf.placeholder(tf.float32, [None, real_size], name='real_img')
6.     noise_img =tf.placeholder(tf.float32, [None, noise_size], name='noise_
```

```
        img')
7.
8.      return real_img, noise_img
```

以上代码定义的是真实图像和噪声图像,同样是以 placeholder 的方法,给两个输入数据占位,之后往里面填数据就可以了,在讲卷积神经网络时已经提到过,不再赘述。

#### 4. 定义生成器

```
1.  def get_generator(noise_img, n_units, out_dim, reuse=False, alpha=0.01):
2.      """
3.      生成器
4.      noise_img: 生成器的输入
5.      n_units: 隐层单元个数
6.      out_dim: 生成器输出张量的大小,这里应该为 32×32=784
7.      alpha: leaky ReLU 系数
8.      """
9.      with tf.variable_scope("generator", reuse=reuse):
10.         #hidden layer
11.         hidden1 =tf.layers.dense(noise_img, n_units)
12.         #leaky ReLU
13.         hidden1 =tf.maximum(alpha * hidden1, hidden1)
14.         #dropout
15.         hidden1 =tf.layers.dropout(hidden1, rate=0.2)
16.         #logits & outputs
17.         logits =tf.layers.dense(hidden1, out_dim)
18.         outputs =tf.tanh(logits)
19.         return logits, outputs
```

以上代码是定义生成网络。为了简单化结构与便于理解,所以用的是简单的神经网络,网络增加了一个全连接层,其中,n_units 的数值为神经元的个数,使用了 leaky ReLU 函数,其简单实现形式是 tf.maximum(leak * x, x);然后通过 dropout 解决过拟合问题,dropout 可以比较有效地缓解过拟合问题,在一定程度上达到正则化的效果,输出使用 Tanh 激活函数。

#### 5. 定义判别器

```
1.  def get_discriminator(img, n_units, reuse=False, alpha=0.01):
2.      """
3.      定义判别器
4.      n_units: 隐层节点数量
5.      alpha: leaky ReLU 系数
6.      """
```

```
7.      with tf.variable_scope("discriminator", reuse=reuse):
8.          #hidden layer
9.          hidden1 =tf.layers.dense(img, n_units)
10.         hidden1 =tf.maximum(alpha * hidden1, hidden1)
11.
12.         #logits & outputs
13.         logits =tf.layers.dense(hidden1, 1)
14.         outputs =tf.sigmoid(logits)
15.
16.         return logits, outputs
```

以上代码定义了判别器,判别者网络也增加了全连接层,然后使用 leaky ReLU 函数,与生成者网络不相同的地方,logits 的输出单元为 1,最后使用的激活函数是 Sigmoid。

**6. 定义相关参数**

```
1.  #定义参数
2.  #真实图像的 size
3.  img_size =mnist.train.images[0].shape[0]
4.  #传入给 generator 的噪声 size
5.  noise_size =100
6.  #生成器隐层参数
7.  g_units =128
8.  #判别器隐层参数
9.  d_units =128
10. #leaky ReLU 的参数
11. alpha =0.01
12. #learning_rate
13. learning_rate =0.001
14. #label smoothing
15. smooth =0.1
16. tf.reset_default_graph()
17. real_img, noise_img =get_inputs(img_size, noise_size)
18.
19. #generator
20. g_logits, g_outputs =get_generator(noise_img, g_units, img_size)
21. #discriminator
22. d_logits_real, d_outputs_real =get_discriminator(real_img, d_units)
23. d_logits_fake, d_outputs_fake =get_discriminator(g_outputs, d_units, reuse=
    True)
24. #discriminator 的 loss
25. #识别真实图片
26. d_loss_real =tf.reduce_mean(tf.nn.sigmoid_cross_entropy_with_logits(logits
```

```
    =d_logits_real, labels=tf.ones_like(d_logits_real)) * (1 -smooth))
27. #识别生成的图片
28. d_loss_fake =tf.reduce_mean(tf.nn.sigmoid_cross_entropy_with_logits(logits
    =d_logits_fake,labels=tf.zeros_like(d_logits_fake)))
29. #总体 loss
30. d_loss =tf.add(d_loss_real, d_loss_fake)
31.
32. #generator 的 loss
33. g_loss =tf.reduce_mean(tf.nn.sigmoid_cross_entropy_with_logits(logits=d_
    logits_fake, labels=tf.ones_like(d_logits_fake)) * (1 -smooth))
34.
35. train_vars =tf.trainable_variables()
36.
37. #generator 中的 tensor
38. g_vars =[var for var in train_vars if var.name.startswith("generator")]
39. #discriminator 中的 tensor
40. d_vars =[var for var in train_vars if var.name.startswith("discriminator")
41.
42. #optimizer
43. d_train_opt =tf.train.AdamOptimizer(learning_rate).minimize(d_loss, var_
    list=d_vars)
44. g_train_opt =tf.train.AdamOptimizer(learning_rate).minimize(g_loss, var_
    list=g_vars)
```

以上代码定义了生成器隐层的参数，判别器隐层的参数，leaky ReLU 激活函数的参数 α 的值，以及节点的 loss 值等。

### 7. 训练及结果

```
1.  #训练
2.  #batch_size
3.  batch_size =64
4.  #训练迭代轮数
5.  epochs =300
6.  #抽取样本数
7.  n_sample =25
8.  #存储测试样例
9.  samples =[]
10. #存储 loss
11. losses =[]
12. #保存生成器变量
13. saver =tf.train.Saver(var_list =g_vars)
14. #开始训练
```

```
15. with tf.Session() as sess:
16.     sess.run(tf.global_variables_initializer())
17.     for e in range(epochs):
18.         for batch_i in range(mnist.train.num_examples//batch_size):
19.             batch =mnist.train.next_batch(batch_size)
20.
21.             batch_images =batch[0].reshape((batch_size, 784))
22.             #对图像像素进行图像像素增长,这是因为 Tanh 输出的结果介于(-1,1),真实图
            片和构造图片共享 discriminator 的参数
23.             batch_images =batch_images * 2 -1
24.
25.             #生成器的输入噪声
26.             batch_noise =np.random.uniform(-1, 1, size=(batch_size, noise_
            size))
27.
28.             #运行优化器
29.             _=sess.run(d_train_opt, feed_dict={real_img: batch_images, noise
            _img: batch_noise})
30.             _=sess.run(g_train_opt, feed_dict={noise_img: batch_noise})
31.
32.         #每一轮结束计算损失值
33.         train_loss_d =sess.run(d_loss,
34.                                feed_dict ={real_img: batch_images,
35.                                            noise_img: batch_noise})
36.         #真实图片损失值
37.         train_loss_d_real =sess.run(d_loss_real,
38.                                     feed_dict ={real_img: batch_images,
39.                                                 noise_img: batch_noise})
40.         #构造图片损失值
41.         train_loss_d_fake =sess.run(d_loss_fake,
42.                                     feed_dict ={real_img: batch_images,
43.                                                 noise_img: batch_noise})
44.         #生成器的损失值
45.         train_loss_g =sess.run(g_loss,
46.                                feed_dict ={noise_img: batch_noise})
47.         print("Epoch {}/{}...".format(e+1, epochs),
48.               "Discriminator Loss: {:.4f}(Real: {:.4f} +Fake: {:.4f})...".
              format(train_loss_d, train_loss_d_real, train_loss_d_fake),
49.               "Generator Loss: {:.4f}".format(train_loss_g))
50.         #记录各类损失值
51.         losses.append((train_loss_d, train_loss_d_real, train_loss_d_fake,
```

```
        train_loss_g))
52.
53.     #抽取样本后期进行观察
54.     sample_noise =np.random.uniform(-1, 1, size=(n_sample, noise_size))
55.     gen_samples =sess.run(get_generator(noise_img, g_units, img_size,
        reuse=True),
56.                            feed_dict={noise_img: sample_noise})
57.     samples.append(gen_samples)
58.
59.     #存储 checkpoints
60.     saver.save(sess, './checkpoints/generator.ckpt')
```

以上代码为训练模型，使用 Session 进行训练测试，每迭代一次输出判别器和生成器的损失值，训练结果如图 6-3 所示。

```
Epoch 285/300... Discriminator Loss: 0.7289(Real: 0.4394 + Fake: 0.2895)... Generator Loss: 1.7082
Epoch 286/300... Discriminator Loss: 0.9478(Real: 0.7348 + Fake: 0.2130)... Generator Loss: 2.1313
Epoch 287/300... Discriminator Loss: 0.9637(Real: 0.5679 + Fake: 0.3958)... Generator Loss: 1.9464
Epoch 288/300... Discriminator Loss: 1.0108(Real: 0.5120 + Fake: 0.4988)... Generator Loss: 1.5214
Epoch 289/300... Discriminator Loss: 0.8802(Real: 0.4330 + Fake: 0.4471)... Generator Loss: 1.4925
Epoch 290/300... Discriminator Loss: 0.7535(Real: 0.2915 + Fake: 0.4620)... Generator Loss: 1.4588
Epoch 291/300... Discriminator Loss: 0.7896(Real: 0.2896 + Fake: 0.5000)... Generator Loss: 1.2320
Epoch 292/300... Discriminator Loss: 0.8876(Real: 0.4333 + Fake: 0.4543)... Generator Loss: 1.3996
Epoch 293/300... Discriminator Loss: 0.8199(Real: 0.4502 + Fake: 0.3697)... Generator Loss: 1.6342
Epoch 294/300... Discriminator Loss: 0.8868(Real: 0.5322 + Fake: 0.3545)... Generator Loss: 1.8949
Epoch 295/300... Discriminator Loss: 0.8285(Real: 0.3775 + Fake: 0.4510)... Generator Loss: 1.5503
Epoch 296/300... Discriminator Loss: 0.7145(Real: 0.4279 + Fake: 0.2866)... Generator Loss: 2.0103
Epoch 297/300... Discriminator Loss: 0.8874(Real: 0.3152 + Fake: 0.5721)... Generator Loss: 1.4215
Epoch 298/300... Discriminator Loss: 0.8357(Real: 0.5389 + Fake: 0.2968)... Generator Loss: 1.8904
Epoch 299/300... Discriminator Loss: 0.8511(Real: 0.5170 + Fake: 0.3341)... Generator Loss: 1.6062
Epoch 300/300... Discriminator Loss: 0.8560(Real: 0.5006 + Fake: 0.3555)... Generator Loss: 1.6740
```

图 6-3 训练结果

### 8. 结果可视化

运行结果可以实现可视化，如下代码所示，分别画出了判别器总的损失值、判别器判别图为真与假的损失值，以及生成器的损失值，loss 值的变化折线图如图 6-4 所示。

```
1. #绘制 loss 曲线
2. fig, ax =plt.subplots(figsize=(20,7))
3. losses =np.array(losses)
4. plt.plot(losses.T[0], label='Discriminator Total Loss')
5. plt.plot(losses.T[1], label='Discriminator Real Loss')
6. plt.plot(losses.T[2], label='Discriminator Fake Loss')
7. plt.plot(losses.T[3], label='Generator')
8. plt.title("Training Losses")
9. plt.legend()
10. #plt.show()
```

以下代码为训练过程中产生的图片，这里借助了 MATLAB 里面的绘图函数，得到的结果只截取了一部分。

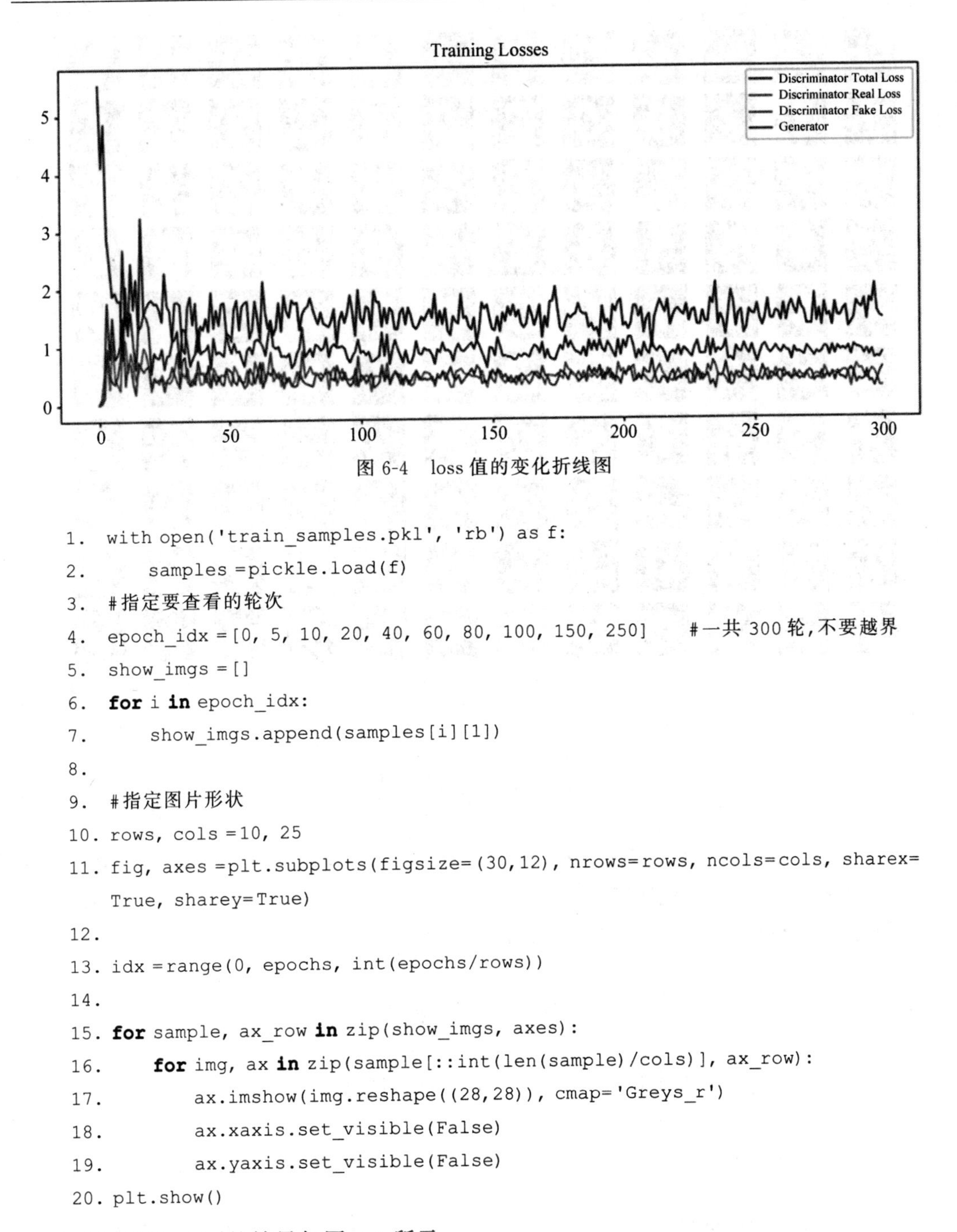


图 6-4　loss 值的变化折线图

```
1.  with open('train_samples.pkl', 'rb') as f:
2.      samples =pickle.load(f)
3.  #指定要查看的轮次
4.  epoch_idx = [0, 5, 10, 20, 40, 60, 80, 100, 150, 250]    #一共 300 轮,不要越界
5.  show_imgs = []
6.  for i in epoch_idx:
7.      show_imgs.append(samples[i][1])
8.
9.  #指定图片形状
10. rows, cols =10, 25
11. fig, axes =plt.subplots(figsize=(30,12), nrows=rows, ncols=cols, sharex=
    True, sharey=True)
12.
13. idx =range(0, epochs, int(epochs/rows))
14.
15. for sample, ax_row in zip(show_imgs, axes):
16.     for img, ax in zip(sample[::int(len(sample)/cols)], ax_row):
17.         ax.imshow(img.reshape((28,28)), cmap='Greys_r')
18.         ax.xaxis.set_visible(False)
19.         ax.yaxis.set_visible(False)
20. plt.show()
```

运行代码,得到的结果如图 6-5 所示。

图 6-5　产生的仿照图片结果

## 6.4　本章小结

本章首先介绍了生成对抗网络，该网络是一种深度学习模型，也是近几年提出来的很有前景的网络模型之一；然后概述了生成对抗网络的基本模型，阐述了其网络工作原理；最后以生成对抗网络模型和实际案例相结合讲解。

## 思考题

(1) 生成对抗网络是在什么情况下提出来的？它有哪些应用前景？

(2) 结合生成对抗网络的结构，概述它的基本运行原理。

(3) 生成对抗网络的目的是什么？它的生成模型和判别模型进行的是一场博弈，其函数表达式是什么？

(4) 在生成对抗网络案例中，在训练时输入了生成器的随机噪声，是从一个均匀分布[low, high)中随机采样，根据案例，修改输入随机噪声的下限和上限，使得下限为−2，上限为 2。

(5) DCGAN 全称 Deep Convolutional Generative Adversarial Network，即深度卷积生成对抗网络。它是深层卷积网络与 GAN 的结合，其基本原理与 GAN 相同，只是将生成网络和判别网络用两个卷积网络(CNN)替代，目的是为了提高生成样本的质量和网络的收敛速度，有兴趣的读者，可以查阅相关资料，用 DCGAN 来实现本章综合案例。

# 第7章　基于深度学习的目标检测

图像分类、检测、语义分割和实例分割是计算机视觉领域的三大任务。图像分类模型是将图像中最突出的物体划分为单个类别。但是现实世界的绝大多数图片通常包含不止一个物体，此时如果还是使用图像分类模型为图像分配一个单一标签其实是不准确的。对于这样的情况，就需要用到接下来要讲的目标检测模型。目标检测模型完全可以识别一张图片中的多个物体，还可以定位出不同物体的位置并给出边界框。

目标检测在多个领域被广泛使用，例如，无人驾驶通过目标检测模型识别拍摄到的视频图像里的车辆、行人、道路和障碍的位置来规划车辆行进路线；机器人通过目标检测模型来检测感兴趣的目标；安防领域使用目标检测模型检测异常目标，如歹徒或者炸弹等。

## 7.1　目标检测基础

目前主流的目标检测算法主要是基于深度学习模型，其目标检测算法可以分成两大类。

(1) Two-Stage 检测算法，其将检测问题划分为两个阶段，首先产生候选区域，然后对候选区域分类，一般还需要对位置精修，这类算法的典型代表是基于候选区域的 R-CNN 系算法，如 R-CNN、Fast R-CNN、Faster R-CNN 等。

(2) One-Stage 检测算法，其不需要候选区域阶段，直接产生物体的类别概率和位置坐标值，比较典型的算法如 YOLO 和 SSD 等。

目标检测模型的主要性能指标是检测准确度和速度。对于准确度来说，目标检测要考虑物体定位的准确性，而不单单只是分类准确度。一般情况下，Two-Stage 算法在准确度上有一定的优势，而 One-Stage 算法在速度上有一定的优势。不过，随着研究的发展，两类算法都在两个方面做出了改进。如何更好地平衡它们一直是目标检测算法研究的一个重要方向。

基于深度学习的目标检测主要解决两个问题：第一，图像上的多个目标物在哪个位置；第二，图像上的多个目标物是什么类别。围绕这两个问题，可以把基于深度学习的目标检测的发展历程分为 3 个阶段。

(1) 传统的目标检测方法。

(2) 以 R-CNN 为代表的结合候选区域和 CNN 分类的目标检测框架，如 R-CNN、SPP-NET、Fast R-CNN、Faster R-CNN 和 R-FCN 等。

(3) 以 YOLO 为代表的将目标检测转换为回归问题的端到端的目标检测框架，如 YOLO、SSD 等。

### 7.1.1　数据集

目标检测常用的数据集包括 PASCAL VOC、ImageNet、MS COCO 等这些数据集可以被研究者用于测试算法性能或者可以被用于竞赛。

PASCAL VOC(The PASCAL Visual Object Classification)是目标检测、分类、语义分割、实例分割等领域有名的一个数据集。PASCAL VOC 包含约 1 万张带有边界框的图片用于训练和验证。但是,PASCAL VOC 数据集仅包含 20 个类别,因此 PASCAL VOC 数据集被看作目标检测算法的一个基准数据集。

ImageNet 在 2013 年放出了包含边界框的目标检测数据集。训练数据集包含 50 万张图片,并且包含了 200 个类别的物体。但是由于数据集太大,训练所需计算量也太大,因此很少被使用。同时,由于类别数比较多,目标检测的难度也变得相当大。2014 年的 ImageNet 数据集和 2012 年的 PASCAL VOC 数据集的对比就在于数据量和包含的类别数。

另外一个比较有名的数据集是微软公司建立的 MS COCO(Common Objects in COntext)数据集。这个数据集被用于多种竞赛:图像标题生成、目标检测、关键点检测、物体语义分割和物体实例分割等。对于目标检测任务,MS COCO 共包含了 180 个类别,每年大赛训练和测试的数据集包含超过 12 万张训练图片和超过 4 万张测试图片。测试集被划分为两类:一类是 test-dev 数据集,用于研究者;另一类是 test-challenge 数据集,用于竞赛者。测试集的标签数据没有公开,以避免在测试集上过拟合。

### 7.1.2 性能指标

目标检测问题同时是一个回归和分类问题。首先,为了评估定位精度,需要计算 IoU (Intersection over Union,交并比,介于 0~1),其表示预测框与真实框之间的重叠程度。交并比越高,预测框的位置越准确。因此,在评估预测框时,通常会设置一个交并比阈值(如 0.5),只有当预测框与真实框的交并比值大于这个阈值时,该预测框才被认定为真阳性 (True Positive, TP),反之就是假阳性(False Positive,FP)。

对于二分类,平均检准率是一个重要的指标,这是信息检索中的一个概念,基于召回率曲线计算出来。对于目标检测,首先要单独计算各个类别的平均检准率值,这是评估检测效果的重要指标。取各个类别的平均检准率的平均值,就得到一个综合指标——平均精度均值(Mean Average Precision,MAP)。平均精度均值指标可以避免某些类别比较极端化而弱化其他类别的性能这个问题。

对于目标检测,平均精度均值一般在某个固定的交并比上计算,但是不同的交并比值会改变真阳性和假阳性的比例,从而造成平均精度均值的差异。MSCOCO 数据集提供了官方的评估指标,它的平均检准率是计算一系列交并比下平均检准率的平均值,这样可以消除平均精度均值导致的平均检准率波动。其实对于 PASCAL VOC 数据集也是这样, Facebook 公司的 Detection 上有比较清晰的实现。

除了检测准确度,目标检测算法的另外一个重要性能指标是速度,只有速度快,才能实现实时检测,这对某些应用场景极其重要。评估速度的常用指标是每秒帧率(Frame Per Second,FPS),即每秒内可以处理的图片数量。要对比每秒帧率,需要在同一硬件上进行。另外也可以使用处理一张图片所需时间来评估检测速度,时间越短则速度越快。

### 7.1.3　锚点

使用深度学习进行目标检测最大的困难，是生成一个长度可变的边框列表。使用深度神经网络建模时，模型最后一部分通常是一个固定尺寸的张量输出，除了循环神经网络。后面提到的 Faster R-CNN 引入的 RPN（区域选择）中长度可变列表的问题就是使用锚点（Author）解决的，使用固定尺寸的参考边框在原始图片上一致地定位。

对于每个锚点，需要考虑两个问题：第一，这个锚点是否包含相关目标？第二，如何调整锚点以更好地拟合到相关目标？

### 7.1.4　锚框

目标检测算法通常会在输入图像中采样大量的区域，然后判断这些区域中是否包含感兴趣的目标，并调整区域边缘，从而更准确地预测目标的真实边框。不同的模型使用的区域采样方法可能不同。例如，以每一个像素为中心生成多个大小和宽高比不同的边界框，而这些边界框就被称为锚框。

### 7.1.5　非极大值抑制

在模型预测阶段为图像生成了多个锚框，并为这些锚框一一预测了类别和偏移量，随后根据锚框和预测偏移量得到预测边界框。当锚框的数量较多时，同一个目标上可能会输出较多相似的预测边界框。为了使结果更加简洁，可以删除相似的预测边界框，保留最符合的预测边界框。这种常用的方法就叫作非极大值抑制（Non-Maximum Suppression，NMS）。

非极大值抑制是一种边缘细化技术。非极大值抑制可以帮助抑制除局部最大值之外的所有梯度值，通过将它们设置为 0，其指示出具有最强烈的强度值变化的位置。

## 7.2　传统的目标检测

传统目标检测的方法一般可以分为三个阶段：第一，在给定的图像上选择一些候选的区域；第二，对这些区域提取特征；第三，使用训练的分类器进行分类。传统目标检测三阶段如图 7-1 所示。

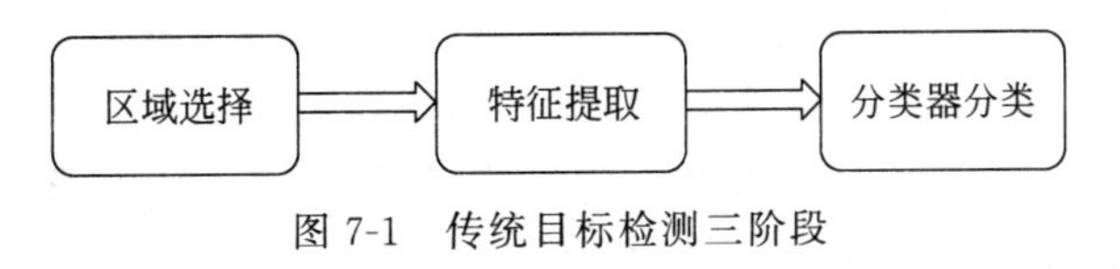


图 7-1　传统目标检测三阶段

具体步骤如下。

(1) 区域选择。在输入图像中提取候选框，利用不同尺寸的滑动窗口框住图中的某一部分作为候选区域。

(2) 特征提取。采用各种经典模式识别的图像特征表示的一些方法，如基于颜色、纹理等，提取候选区域相关的视觉特征，包括低层次特性、中层次特性等。这些方法中，人脸检测常用的 Haar 特征和行人检测、普通目标检测常用的 HOG 特征等。在特征提取中，由于目标的形态多样性、光照变化多样性、背景多样性等因素，会使得设计一个鲁棒的特征并不是那么容易，提取特征的好坏直接影响分类的准确性。例如当采用卷积神经网络进行特征提取时，就形成了 R-CNN 等一系列深度学习目标检测方法。

(3) 分类器分类。分类器是预先训练好的，使用“等价于”候选框的图片提取的特征，筛选图片特征后建立分类器。常使用 SVM 建模，将提取的特征输入分类器后，即可判断当前候选框是哪个物体，可能性大小是多少。

广义的目标检测不仅包括物体检测，还包括边缘检测以及关键点检测等。

**1. 边缘检测**

在很多场景下，边缘检测可以看作是图像分割任务，图像分割的边界往往就是物体的边缘。图像分割也包括传统算法和深度学习语义分割，目标检测类算法也经常延伸到语义分割。图像分割与目标检测有千丝万缕的关系。本部分主要从图像分割的角度介绍边缘检测的方法。传统的图像分割方法主要包括：阈值分割、区域生长、分水岭算法、微分算子法、主动轮廓模型、小波变换等。其中的微分算子法很有启发意义，采用算子(又称“核”或“过滤器”)检测特定模式，通过设计特定的卷积核来检测特定的刚性目标。

**2. 关键点检测**

关键点、特征点都被称为感兴趣点。主要方法包括 Harris 角点检测法、SIFT 特征点检测法、基于模型的 ASM 或 AAM 检测法、基于级联形状回归 CPR 和基于深度学习的算法。Harris 角点检测法是设计角点检测算子，对图像每个像素都计算响应值，然后确定一个合适的阈值来检测角点；基于模型的 ASM 检测法，先对标记点所在的物体形状进行配准对齐，然后通过构建的局部特征，进行局部搜索和匹配；基于模型的 AAM 检测法则是在基于模型的 ASM 检测法的基础上加了纹理特征。

接下来介绍传统检测算法三巨头，Viola-Jones、HOG-SVM 和 DMP(Deformable Part Model)。

### 7.2.1　Viola-Jones

Viola-Jones 主要用于人脸检测，采用 Haar 特征提取。Haar-like 是一种非常经典的特征提取算法，尤其是它与 AdaBoost 组合使用时，对人脸检测有非常不错的效果。OpenCV 也对 AdaBoost 与 Haar-like 组成的级联人脸检测做了封装，所以一般提及 Haar-like 时，一般都会和 AdaBoost、级联分类器、人脸检测、积分图等一同出现。但是 Haar-like 本质上只是一种特征提取算法。

**1. 基本 Haar 特征**

最原始的 Haar-like 特征在 2002 年的 *A general framework for object detection* 提出，它定义了 4 个基本特征结构，如图 7-2 所示的 A、B、C、D，可以将它们理解成为一个窗口，这个窗口将在图像中做步长为 1 的滑动，最终遍历整个图像。

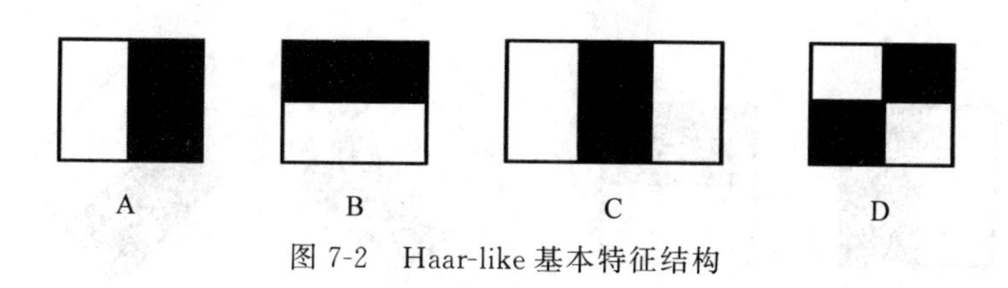

图 7-2　Haar-like 基本特征结构

比较特殊的一点是，当一次遍历结束后，窗口将在宽度或长度上成比例地放大，再重复之前遍历的步骤，直到放大到最后一个比例后结束。

那么可以放大的比例系数如何确定呢？设在宽度上可以放大的最大倍数为 $K_{\mathrm{w}}$，高度上可以放大的最大倍数为 $K_{\mathrm{h}}$，计算公式如下：

$$K_{\mathrm{w}}=\frac{w_{\mathrm{I}}}{w_{\mathrm{win}}} \tag{7-1}$$

$$K_{\mathrm{h}}=\frac{h_{\mathrm{I}}}{h_{\mathrm{win}}} \tag{7-2}$$

其中，$w_{\mathrm{I}}$ 和 $h_{\mathrm{I}}$ 是整个图像的宽和高，$w_{\mathrm{win}}$ 和 $h_{\mathrm{win}}$ 是 Haar 窗口的初始宽和高，可以放大的倍数为 $K_{\mathrm{w}} \cdot K_{\mathrm{h}}$。

Haar-like 特征提取过程就是利用上面定义的窗口在图像中滑动，滑动到一个位置时，将窗口覆盖住的区域中的白色位置对应的像素值的和减去黑色位置对应的像素值的和，得到的一个数值就是 Haar 特征中的一个维度。

其中对于窗口 C，黑色区域的像素值加和要乘以 2，2 是为了像素点个数相同而增加的权重。

将白色和黑色的像素值分别求和后再求两和的差，就是 Haar-like 特征。一幅图中这样的特征非常多，为了优化计算，可以引入积分图的概念，快速对区域像素值求和。

**2. 扩展 Haar 特征**

在基本的 4 个 Haar 特征基础上，文章 *An extended set of Haar-like features for rapid object detection* 对其做了扩展，将原来的 4 个扩展为 14 个，如图 7-3 所示。这些扩展特征主要增加了旋转性，能够提取到更丰富的边缘信息。

### 7.2.2　方向梯度直方图

方向梯度直方图(Histogram of Oriented Gradient, HOG)主要用于灰度图，采用 HOG 特征提取。HOG 是一种在计算机视觉和图像处理中用来进行物体检测的特征描述子。HOG 通过计算和统计图像局部区域的梯度方向直方图来构成特征。HOG 特征结合 SVM 分类器已经被广泛应用于图像识别，尤其是在行人检测中获得了极大的成功。HOG+SVM 进行行人检测的方法是法国研究人员 Dalal 在 2005 的 CVPR 上提出的，而如今虽然有很多行人检测算法不断提出，但基本都是以 HOG+SVM 的思路为主。

HOG 的主要思想是在一幅图像中，局部目标的表象和形状能够被梯度或边缘的方向密度分布很好地描述。其本质为梯度的统计信息，而梯度主要存在于边缘的地方。

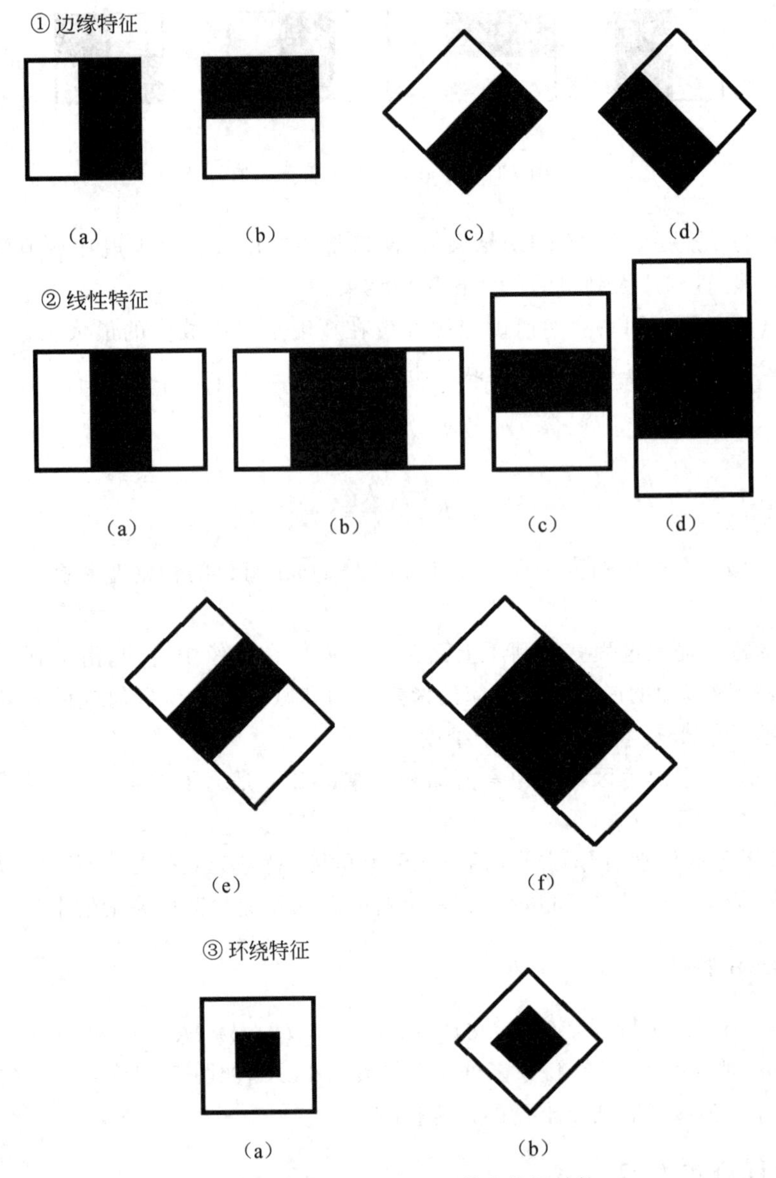


图 7-3 扩展后 Haar-like 基本特征结构

HOG 具体实现方法首先将图像分成很多小的连通区域(块),可叫作细胞单元,然后采集细胞单元中每个像素点的梯度和边缘方向,再在每个细胞单元中累加出一个一维的梯度方向直方图。将直方图进行归一化等操作后,得到 HOG 特征描述子。将检测窗口中的所有块的 HOG 特征描述子组合起来就形成了最终的特征向量,然后使用 SVM 分类器进行检测。

HOG 特征提取算法的基本实现过程如图 7-4 所示。

HOG 特征提取算法就是将一个检测的目标或者扫描窗口的图像进行如下操作。

(1) 灰度化。

(2) 采用 Gamma 校正法对输入图像进行颜色空间的标准化(归一化)。目的是调节图

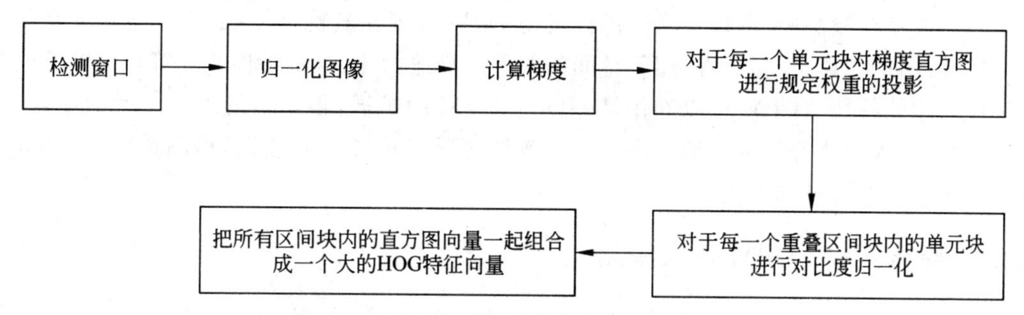


图7-4　HOG特征提取算法的基本实现过程

像的对比度，降低图像局部的阴影和光照变化所造成的影响，同时可以抑制噪声的干扰。

(3) 计算图像每个像素的梯度，包括大小和方向。主要是为了捕获轮廓信息，同时进一步弱化光照的干扰。

(4) 将图像划分成小单元块，例如，每个单元大小为6×6。

(5) 统计每个单元块的梯度直方图，即不同梯度的个数，即可形成每个单元的描述信息块。

(6) 将每一个单元块组成区间块，例如，3×3个单元块组成一个区间块，一个区间块内所有单元块的特征描述子串联起来便得到该区间块的HOG特征描述子。

(7) 将检测的目标或者扫描窗口的图像内的所有区间块的HOG特征描述子串联起来就可以得到该检测的目标或者扫描窗口的图像的HOG特征描述子。这个就是最终的可供分类使用的特征向量。

### 7.2.3 DPM

DPM是基于HOG+SVM改进的方法，对目标的形变具有很强的鲁棒性。如图7-5就是人脸的DPM应用，DPM在本质上就是弹簧形变模型。

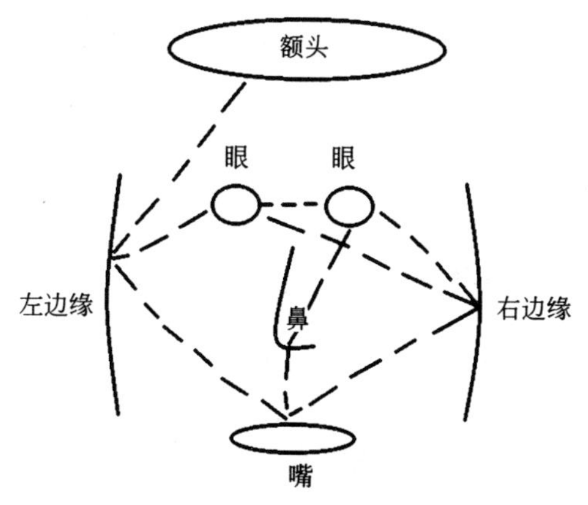


图7-5　弹簧形变模型

DPM不仅解决了尺度缩放问题，还通过建立多个模板解决旋转视角问题。DPM是传统目标检测算法的巅峰之作。

传统的目标检测中，多尺度形变部件模型 DPM 表现比较优秀。DPM 把物体看成多个组成的部件，例如鼻子、嘴巴等，用部件间的关系来描述物体，这个特性非常符合自然界很多物体的非刚体特征。DPM 可以看作是 HOG+SVM 的扩展，很好地继承了两者的优点，在人脸检测、行人检测等任务上取得了不错的效果，但是 DPM 相对复杂，检测速度也较慢，从而也出现了很多改进的方法。

### 7.2.4 综合案例：DPM 行人检测

此案例在 Windows 10 系统和 Python 3.5.4 环境下基于 OpenCV 的 4.0.1 版本实现 DPM(HOG+SVM)目标检测。

案例使用的训练集来源于网络。Positive 文件夹存放正样本图片，由于要做的是行人检测，所以正样本存放的图片是行人。大小均为 64×128，如果尺寸不一致，可以在程序中调整大小为 64×128，或者把所有图片大小调整为一个大小后修改参数。Negative 文件夹存放负样本图片，采用的是一个无关的背景图片，尺寸与正样本尺寸一致。TestData 文件夹存放测试图片，是为了让训练好的模型更直观地表现出结果。

要完成 DPM 行人检测首先需要导入所需的包或模块。

```
1.  import os
2.  import sys
3.  import cv2
4.  import logging
5.  import numpy as np
```

接着导入数据集，包含正样本、负样本和测试数据集。其中 getcwd 函数获取到的是这段代码运行的文件的父目录，Path 模块下的 join 函数可以获取到父目录下的子目录，以此获得正样本、负样本和测试数据集的绝对路径。返回正样本列表、负样本列表和测试数据集列表。

```
1.  def load_data_set():
2.      pwd =os.getcwd()
3.      #提取正样本
4.      pos_dir =os.path.join(pwd, 'Positive')
5.      if os.path.exists(pos_dir):
6.          pos =os.listdir(pos_dir)
7.      #提取负样本
8.      neg_dir =os.path.join(pwd, 'Negative')
9.      if os.path.exists(neg_dir):
10.         neg =os.listdir(neg_dir)
11.     #提取测试集
12.     test_dir =os.path.join(pwd, 'TestData')
13.     if os.path.exists(test_dir):
14.         test =os.listdir(test_dir)
15.     return pos, neg, test
```

接着合并正样本和负样本，创建训练数据集和对应的标签集。返回对应训练样本的标签列表。

```
1.  def load_train_samples(pos, neg):
2.      pwd =os.getcwd()
3.      pos_dir =os.path.join(pwd, 'Positive')
4.      neg_dir =os.path.join(pwd, 'Negative')
5.      samples = []
6.      labels = []
7.      for f in pos:
8.          file_path =os.path.join(pos_dir, f)
9.          if os.path.exists(file_path):
10.             samples.append(file_path)
11.             labels.append(1.)
12.     for f in neg:
13.         file_path =os.path.join(neg_dir, f)
14.         if os.path.exists(file_path):
15.             samples.append(file_path)
16.             labels.append(-1.)
17.     #labels 要转换成 numpy 数组,类型为 np.int32
18.     labels =np.int32(labels)
19.     labels_len =len(pos) +len(neg)
20.     labels =np.resize(labels, (labels_len, 1))
21.     return samples, labels
```

合并正样本和负样本后，获得训练数据集，接下来要做的就是提取 HOG 特征。返回从训练数据集中提取的 HOG 特征。

```
1.  def extract_hog(samples):
2.      train = []
3.      for f in samples:
4.          hog =cv2.HOGDescriptor((64,128), (16,16), (8,8), (8,8), 9)
5.          #hog =cv2.HOGDescriptor()
6.          img =cv2.imread(f, -1)
7.          img =cv2.resize(img, (64,128))
8.          descriptors =hog.compute(img)
9.          train.append(descriptors)
10.     train =np.float32(train)
11.     train =np.resize(train, (total, 3780))
12.     return train
```

获取 HOG 特征后开始训练 SVM 分类器，并返回 SVM 分类器。

```
1.  def train_svm(train, labels):
2.      svm =cv2.ml.SVM_create()
```

```
3.      svm.setCoef0(0.0)
4.      svm.setDegree(3)
5.      criteria = (cv2.TERM_CRITERIA_MAX_ITER + cv2.TERM_CRITERIA_EPS, 1000, 1e-3)
6.      svm.setTermCriteria(criteria)
7.      svm.setGamma(0)
8.      svm.setKernel(cv2.ml.SVM_LINEAR)
9.      svm.setNu(0.5)
10.     svm.setP(0.1)                        #对于 EPSILON_SVR, 在损失函数中的极小值
11.     svm.setC(0.01)                                            #软分类
12.     svm.setType(cv2.ml.SVM_EPS_SVR)
13.     svm.train(train, cv2.ml.ROW_SAMPLE, labels)     #训练
14.     pwd = os.getcwd()
15.     svm.save(os.path.join(pwd, 'svm.xml'))
16.     return get_svm_detector(svm)
```

训练结束后,开始测试 SVM 分类器。在如下的测试函数中,测试数据可以是一张图片或者一个测试数据集。如果是一个测试数据集的话,在显示测试结果后按键盘空格键显示下一个测试结果,按 Esc 键退出测试。

```
1.  def test_hog_detect(test, svm_detector):
2.      hog = cv2.HOGDescriptor()
3.      #训练出来的分类器
4.      hog.setSVMDetector(svm_detector)
5.      pwd = os.getcwd()
6.      test_dir = os.path.join(pwd, 'TestData')
7.      cv2.namedWindow('Detect')
8.      for f in test:
9.          file_path = os.path.join(test_dir, f)
10.         img = cv2.imread(file_path)
11.         rects, _ = hog.detectMultiScale(img, winStride= (4,4), padding= (8,8),
            scale=1.05)
12.         for (x,y,w,h) in rects:
13.             cv2.rectangle(img, (x,y), (x+w,y+h), (0,0,255), 2)
14.         cv2.imshow('Detect', img)
15.         c = cv2.waitKey(0) & 0xff
16.         if c == 27:
17.             break
18.     cv2.destroyAllWindows()
```

得到的结果如图 7-6 和图 7-7 所示。

通过观察图 7-6 和图 7-7 可知,虽然把行人都检测出来了,但是发现有些多出来的框,这是因为训练的样本数据量太少,在一定的程度上限制了训练出模型的准确率,想要提高模型的准确率,可以增加样本数据量,以增加负样本的多样性。

图 7-6　行人检测结果(一)

图 7-7　行人检测结果(二)

还可以使用 OpenCV 自带的 SVM 分类器。只需要把测试函数的第 4 行代码修改成下方所示。OpenCV 自带的 SVM 分类器的行人检测结果如图 7-8 所示。

```
1.  #OpenCV 自带的训练好了的分类器
2.  hog.setSVMDetector(cv2.HOGDescriptor_getDefaultPeopleDetector())
```

图 7-8 OpenCV 自带的 SVM 分类器的行人检测结果

## 7.3 结合候选区域和 CNN 分类的目标检测框架

### 7.3.1 R-CNN

R-CNN 的全称是 Region-CNN，是结合了候选区域和 CNN 分类的目标检测框架，也是第一个成功将深度学习应用到目标检测上的算法。自先进行区域搜索，然后再对候选区域进行分类。

R-CNN 遵循传统目标检测的思路，同样采用提取候选框，然后对每个候选框提取特征，进行图像分类和非极大值抑制进行目标检测。只不过在提取特征这一步，将传统的特征(如 SIFT、HOG 特征等)换成了深度卷积网络提取的特征。

在 R-CNN 中，选用 Selective Search 方法来生成候选区域，这是一种启发式搜索算法。如图 7-9 所示，它先通过简单的区域划分算法将图片划分成很多小区域，然后通过层级分组方法按照一定相似度合并它们，最后剩下的就是候选区域，它们可能包含一个物体。图中上面是分割结果，下面是候选框。

传统方法是在图像中取不同的候选框，依次从左上角扫到右上角，是一种非常暴力且有效的方法。但是消耗计算机资源较多，速度较慢，由此引发了人们思考，能不能预先找出图像中目标可能出现的位置(即候选区域)呢？就是利用图像中的纹理、边缘和颜色等信息，在可以保证选取较少窗口的情况下保持较高的召回率(Recall)。从而问题就转变成找出可能含有物体的区域/框，也就是候选区域/候选框，例如选 2000 个候选框，这些框之间是可以互相重叠互相包含的，这样就可以避免暴力枚举所有框了。

对于一张图片，R-CNN 基于 Selective Search 方法大约生成 2000 个候选区域，然后每个候选区域被重新设置成固定大小并送入一个 CNN 模型中，最后得到一个特征向量。然后这个特征向量被送入一个多类别 SVM 分类器中，预测出候选区域中所含物体属于每个

图 7-9　Selective Search 方法

类的概率值。每个类别训练一个 SVM 分类器，从特征向量中推断其属于该类别的概率大小。

为了提升定位准确性，R-CNN 最后又训练了一个边界框回归模型。训练样本为$(P,G)$，其中 $P=(P_x,P_y,P_w,P_h)$为候选区域，而 $G=(G_x,G_y,G_w,G_h)$为真实框，$G$ 是与 $P$ 的交并比最大的真实框（只使用交并比大于 0.6 的样本），回归的目标值定义为

$$t_x=(G_x-P_x)/P_w, t_y=(G_y-P_y)/P_h \tag{7-3}$$

$$t_w=\lg(G_w/P_w), t_h=\ln(G_h/P_h) \tag{7-4}$$

在进行预测时，利用上述公式可以反求出预测框的修正位置。R-CNN 对于每个类别都训练了单独的回归器，采用最小方差损失函数进行训练。

R-CNN 模型的训练是多管道的，CNN 模型首先使用 2012 年 ImageNet 中的图像分类竞赛数据集进行预训练。然后在检测数据集上对 CNN 模型进行微调，其中那些与真实框的交并比大于 0.5 的候选区域作为正样本，剩余的候选区域作为负样本（背景）。共训练了两个版本：第一个版本使用了 2012 年的 PASCAL VOC 数据集；第二个版本使用了 2013 年 ImageNet 中的目标检测数据集。最后，对数据集中的各个类别训练 SVM 分类器（注意 SVM 训练样本与 CNN 模型的微调不太一样，只有交并比小于 0.3 的才被看成负样本）。

总体来看，R-CNN 是非常直观的，就是把检测问题转化为了分类问题，并且采用了 CNN 模型进行分类，但是效果却很好，R-CNN 基本模型结构如图 7-10 所示。

### 7.3.2　SPP-NET

SPP-NET 提出的起因是为了解决图像分类中要求输入图像固定大小的问题，但是 SPP-NET 中所提出的空间金字塔池化层可以和 R-CNN 结合在一起并提升其性能。

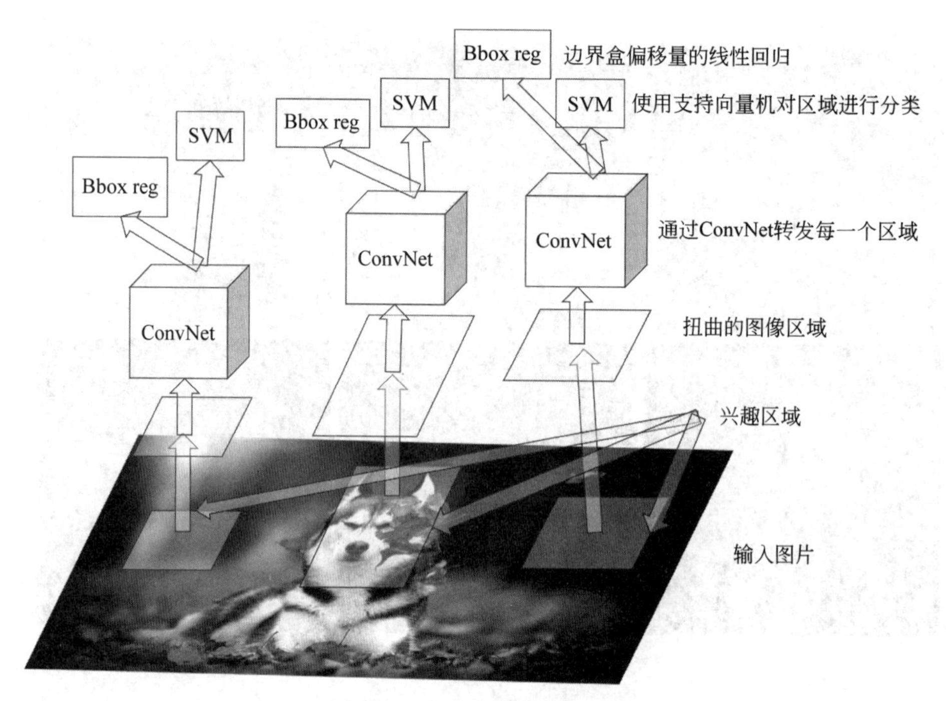


图 7-10 R-CNN 基本模型结构

采用深度学习模型解决图像分类问题时，往往需要图像的大小固定，这并不是 CNN 层的硬性要求，主要原因在于 CNN 层提取的特征图最后要送入全连接层，对于不同大小的图片，CNN 层得到的特征图大小也在变化，但是全连接层需要固定大小的输入，所以必须将图片通过 resize、crop 或 wrap 等方式固定大小(模型训练和测试时都需要)。

但是实际上真实图片的大小是各种各样的，一旦固定大小可能会造成图像损失，从而影响识别精度。为了解决这个问题，SSP-NET 在 CNN 层与全连接层之间插入了空间金字塔池化层来解决这个问题。如图 7-11 所示的 SPP-NET 与普通网络的结构对比，明显看出它们的不同在于 SPP-NET 将图片通过 resize、crop 或 wrap 等方式固定了大小。

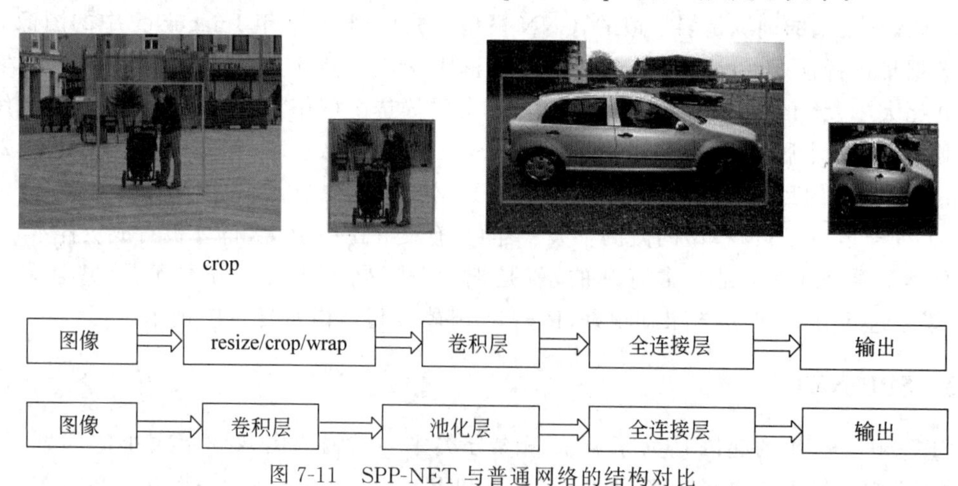


图 7-11 SPP-NET 与普通网络的结构对比

那么,SPP-NET和R-CNN有什么关系呢？在R-CNN中,由于每个候选区域大小不同,所以需要先调整成固定尺寸才能送入CNN网络,SPP-NET正好可以解决这个问题。R-CNN每次都要挨个使用模型计算各个候选区域的特征是极其费时的,不如直接将整张图片送入CNN网络,然后抽取候选区域对应的特征区域,采用空间金字塔池化层可以大大减少计算,并提升速度。基于空间金字塔池化层的R-CNN模型在准确度上提升不是很大,但是速度却比原始R-CNN模型快24～102倍。这也正是接下来Fast R-CNN所改进的方向。

### 7.3.3　Fast R-CNN

Fast R-CNN的提出主要是为了减少候选区域使用CNN模型提取特征向量所消耗的时间,其主要借鉴了SPP-NET的思想。

在R-CNN中,每个候选区域都要单独送入CNN模型计算特征向量,这是非常费时的。而对于Fast R-CNN,其CNN模型的输入是整张图片,然后结合RoI Pooling和Selective Search方法从CNN得到的特征图中提取各个候选区域所对应的特征。对于每个候选区域,使用RoI Pooling层来从CNN特征图中得到一个固定长和宽的特征图。

RoI Pooling的原理很简单,其根据候选区域按比例从CNN特征图中找到对应的特征区域,然后将其分割成几个子区域,然后在每个子区域应用Max Pooling,从而得到固定大小的特征图,这个过程是可导的。然后把RoI Pooling层得到的特征图送入几个全连接层中,并产生新的特征向量,这些特征向量分别用一个softmax分类器(预测类别)和一个线性回归器(用于调整边界框位置)来进行检测,如图7-12所示。

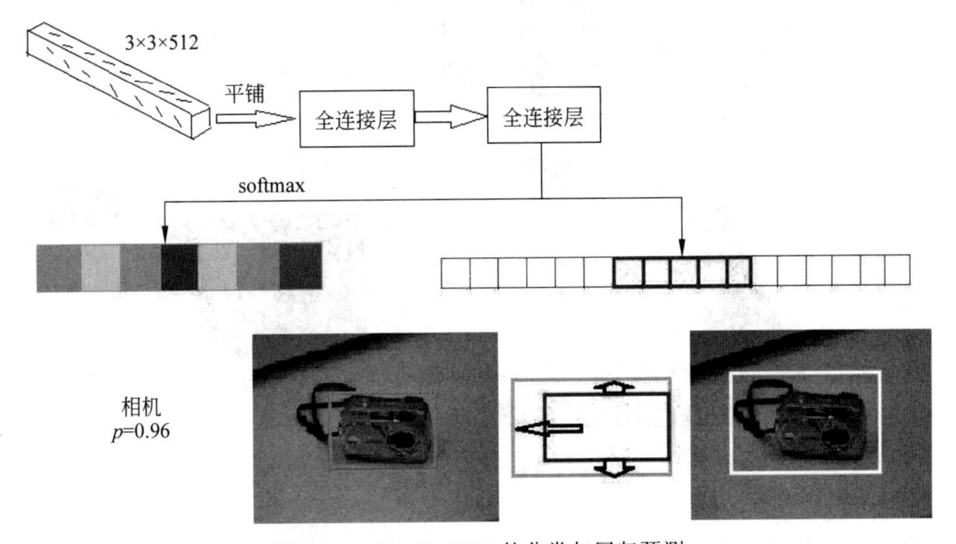


图7-12　Fast R-CNN的分类与回归预测

Fast R-CNN与R-CNN另外的一个主要区别点,是采用了softmax分类器而不是SVM分类器,而且训练过程是单管道的,因为Fast R-CNN将分类误差和定位误差合并在一起训练,定位误差采用smooth L1而不是R-CNN中的L2。

R-CNN 训练是多管道的，除了对 CNN 模型预训练，R-CNN 还先对 CNN 模型微调，使用的是 softmax 分类器，最后又训练 SVM 分类器。Fast R-CNN 训练采用小批量抽样，每个小批量大小为 128，从 $N=2$ 个图片中构建，其中 25%来自正样本（IoU≥0.5），75%从负样本中抽样得到（背景，IoU∈[0.1,0.5)）。

Fast R-CNN 解决了 R-CNN 训练速度慢、测试速度慢和训练所需空间大的问题。在同样的最大规模网络上，Fast R-CNN 和 R-CNN 相比，训练时间从 84 小时减少为 9.5 小时，测试时间从 47 秒减少为 0.32 秒。在 PASCAL VOC 2007 上的准确率相差无几，为 66%～67%。

如图 7-13 所示的 Fast R-CNN 模型结构，由此可知 R-CNN 的处理流程是先提取方案，然后 CNN 提取特征，之后用 SVM 分类器，最后再做边界盒回归，而在 Fast R-CNN 中，巧妙地把边界盒回归放进了神经网络内部，与区域分类合并成为了一个多任务模型，实际实验也证明了，这两个任务能够共享卷积特征，并相互促进。所以，Fast R-CNN 很重要的一个贡献是成功地让人们看到了 Region Proposal＋CNN 这一框架实时检测的希望，原来多类检测可以在保证准确率的同时提升处理速度，也为后来的 Faster R-CNN 做下了铺垫。

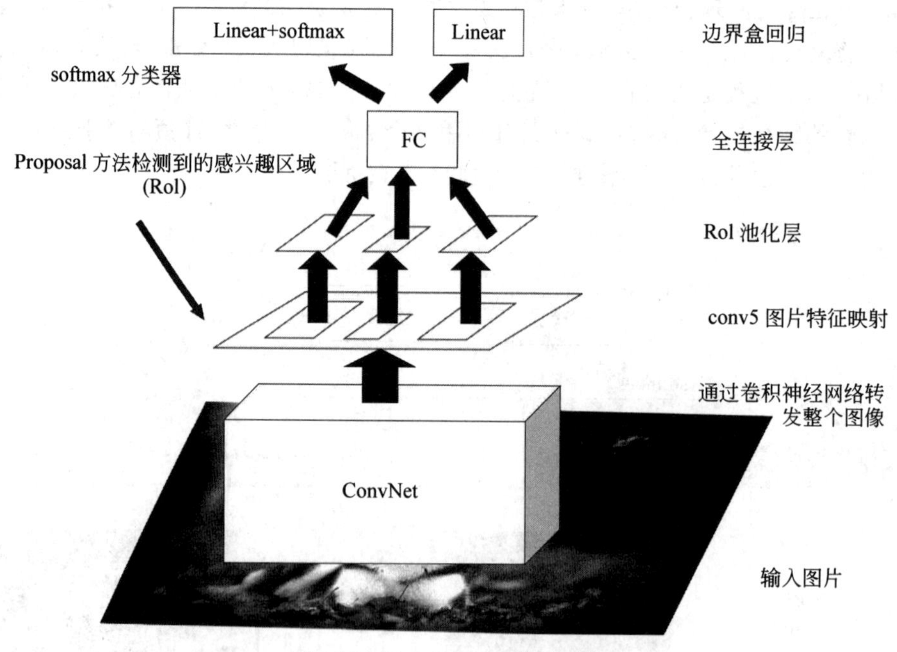


图 7-13　Fast R-CNN 模型结构

### 7.3.4　Faster R-CNN

Fast R-CNN 存在的问题是选择性搜索，当然找出所有的候选框非常耗时。那么能不能找出一个更加高效的方法来求出这些候选框呢？为了解决这个问题，Faster R-CNN 模型引入了区域建议网络（Region Proposal Network，RPN）直接产生候选区域。

如图 7-14 所示，可知 RPN 架构首先采用一个 CNN 模型（一般称为特征提取器）接收整张图片并提取特征图。然后在这个特征图上采用一个 $N \times N$ 的滑动窗口，对于每个滑动窗口的位置都映射一个低维度的特征。然后这个特征分别送入两个全连接层：一个用于分类预测，另外一个用于回归。对于每个窗口位置一般设置 $K$ 个不同大小或比例的先验框，这意味着每个位置预测 $K$ 个候选区域。对于分类层，其输出大小是 $2K$，表示各个候选区域包含物体或者是背景的概率值，而回归层输出 $4K$ 个坐标值，表示各个候选区域的位置（相对各个先验框）。对于每个滑窗位置，这两个全连接层是共享的。因此，RPN 可以采用卷积层来实现：首先是一个 $N \times N$ 卷积得到低维特征，然后是两个 $1 \times 1$ 的卷积，分别用于分类与回归。

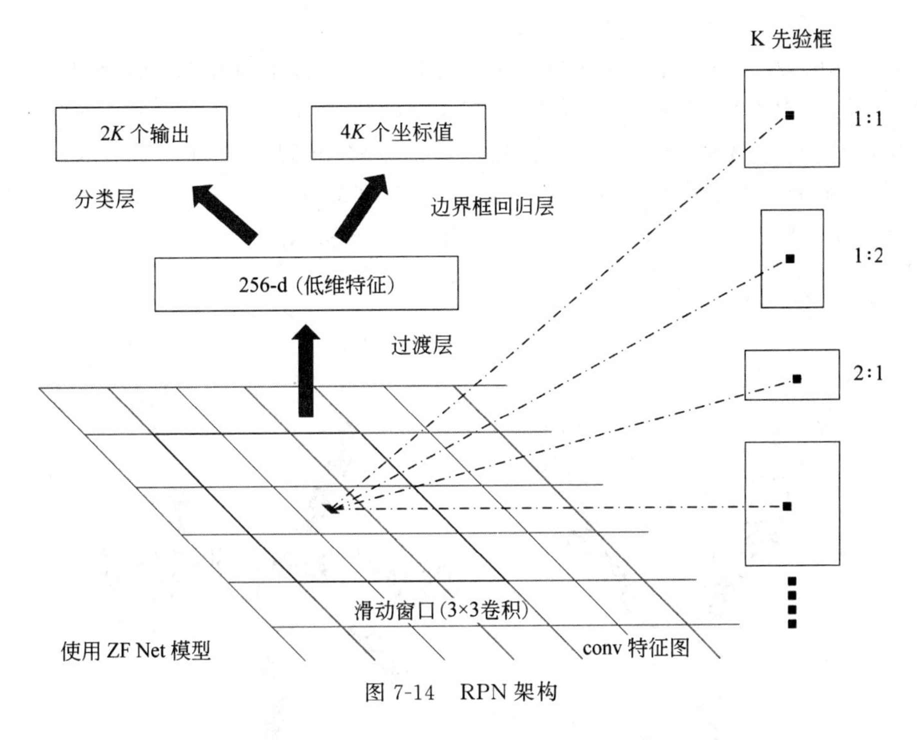


图 7-14　RPN 架构

图中可以看到 RPN 采用的是二分类，仅区分背景与物体，但是不预测物体的类别。由于要同时预测坐标值，在训练时，要先将先验框与真实边界框进行匹配。匹配原则如下。

（1）与某个真实边界框的交叉比（IoU）最高的先验框。

（2）与某个真实边界框的交叉比（IoU）值大于 0.7 的先验框，只要满足一个，先验框就可以匹配一个边界框，这样该先验框就是正样本，并以这个边界框为回归目标。对于那些与任何一个真实边界框的交叉比（IoU）值都低于 0.3 的先验框，其认为是负样本。

RPN 网络是可以单独训练的，并且单独训练出来的 RPN 模型会给出很多候选区域。由于先验框数量庞大，RPN 预测的候选区域很多是重叠的，要先进行非极大值抑制操作来减少候选区域的数量，然后按照置信度降序排列，选择 Top-N 个候选区域来用于训练 Fast R-CNN 模型。RPN 的作用就是代替了 Selective Search 的作用，但是速度更快。因此，Faster R-CNN 无论是训练还是预测都可以加速。

Faster R-CNN 模型采用一种 4 步迭代的训练策略。

(1) 在 ImageNet 上预训练 RPN，并在数据集上微调。

(2) 使用训练的 PRN 产生的候选区域单独训练一个 Fast R-CNN 模型，这个模型也先在 ImageNet 上预训练。

(3) 用 Fast R-CNN 的 CNN 模型部分(特征提取器)初始化 RPN，然后对 RPN 中剩余层进行微调，此时 Fast R-CNN 与 RPN 的特征提取器是共享的。

(4) 固定特征提取器，对 Fast R-CNN 剩余层进行微调。这样经过多次迭代，Fast R-CNN 可以与 RPN 有机融合在一起，形成一个统一的网络。其实还有另外一种近似联合训练策略，将 RPN 的 2 个损失值和 Fast R-CNN 的 2 个损失值结合在一起，然后共同训练。

Faster R-CNN 中的某个模型可以比采用 Selective Search 方法的 Fast R-CNN 模型快 34 倍。采用了 RPN 后，无论是准确度还是速度，Faster R-CNN 模型均有很大的提升。Faster R-CNN 采用 RPN 代替启发式候选区域的方法，这是一个重大变革，后面的 Two-Stage 方法的研究基本上都采用这种基本框架，而且和后面算法相比，Faster R-CNN 在准确度仍然占据上风。Faster R-CNN 模型结构如图 7-15 所示。

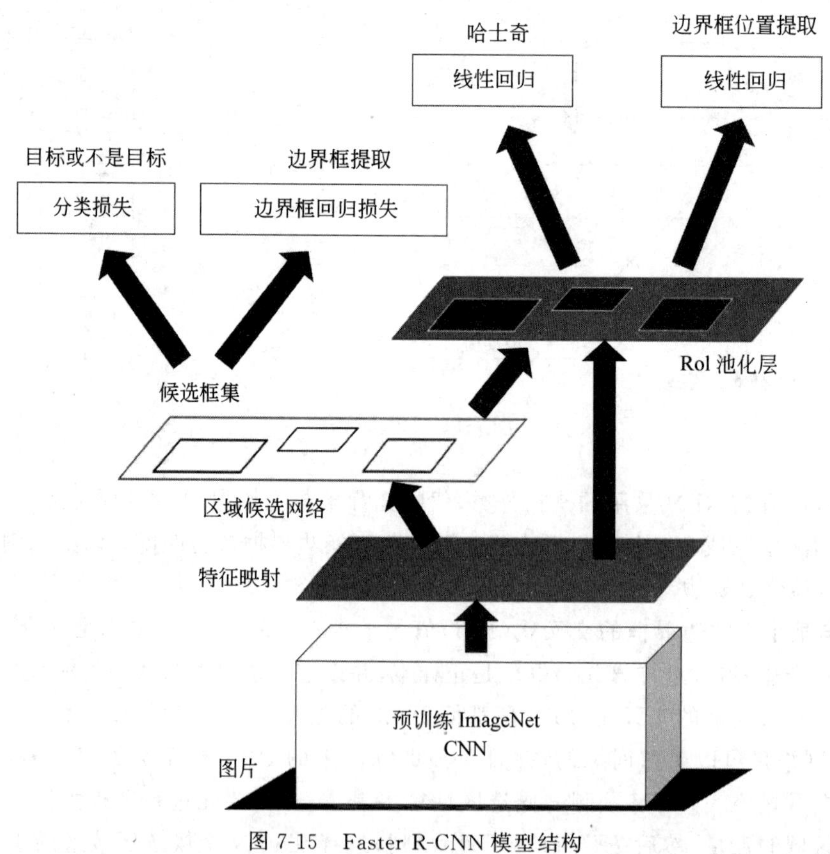


图 7-15 Faster R-CNN 模型结构

# 7.4 回归问题的端到端的目标检测框架

## 7.4.1 YOLO

YOLO(You Only Look Once: Unified, Real-Time Object Detection)是 Joseph Redmon 和 Ali Farhadi 等人于 2015 年提出的基于单个神经网络的目标检测系统。在 2017 年 CVPR 上,Joseph Redmon 和 Ali Farhadi 又发表了 YOLO 2,进一步提高了检测的精度和速度。

YOLO 是一个可以一次性预测多个方框(Box)位置和类别的卷积神经网络,能够实现端到端的目标检测和识别,其最大的优势就是速度快。事实上,目标检测的本质就是回归,因此一个实现回归功能的 CNN 并不需要复杂的设计过程。YOLO 没有选择滑动窗口或提取方案的方式训练网络,而是直接选用整张图片进行模型训练,在图像的多个位置上回归出这个位置的目标边框,以及目标所属的类别。这样做的好处在于可以更好地区分目标和背景区域,相比之下,采用方案训练方式的 Fast R-CNN 常常把背景区域误检为特定目标。

YOLO 将物体检测作为一个回归问题进行求解,输入图像经过一次推理,便能得到图像中所有物体的位置和其所属类别及相应的置信概率。R-CNN、Fast R-CNN、Faster R-CNN 将检测结果分为两部分求解:物体类别(分类问题)和物体位置(回归问题),即边界框。

YOLO 检测网络包含 24 个卷积层和 2 个全连接层。其中,卷积层用来提取图像特征,全连接层用来预测图像位置和类别概率值。YOLO 网络借鉴了 GoogleNet 分类网络结构。不同的是,YOLO 未使用初始模块,而是使用 1×1 卷积层(此处 1×1 卷积层的存在是为了跨通道信息整合)+3×3 卷积层简单地代替。

YOLO 将输入图像分成 $S \times S$ 个格子,每个格子负责检测"落入"该格子的物体。若某个物体的中心位置的坐标落入某个格子,那么这个格子就负责检测出这个物体。如图 7-16 所示,物体狗的中心点(红色原点)落入第四行第四列的格子中,所以这个格子负责预测图像中的物体狗。

图 7-16 Faster R-CNN 模型结构

每个格子输出 $B$ 个边界框信息，以及 $C$ 个物体属于某种类别的概率信息。

边界框信息包含 5 个数据值，分别是 $x$、$y$、$w$、$h$ 和 confidence(可信度)。其中，$x$、$y$ 是指当前格子预测得到的物体的边界框的中心位置的坐标。$w$、$h$ 是边界框的宽度和高度。值得注意的是，实际训练过程中，$w$ 和 $h$ 的值使用图像的宽度和高度进行归一化到[0,1]，$x$、$y$ 是边界框中心位置相对于当前格子位置的偏移值，并且也被归一化到[0,1]。confidence 反映当前边界框是否包含物体以及物体位置的准确性。

### 7.4.2 SSD

SSD(Single Shot MultiBox Detector)是 Wei Liu 在 ECCV 2016 上提出的一种目标检测算法，截至目前是主要的检测框架之一，相比 Faster R-CNN 有明显的速度优势，相比 YOLO 又有明显的 mAP(平均精度均值，这样写是为了区分英文词地图 MAP)优势。

对于 Faster R-CNN，其先通过 CNN 得到候选框，然后再进行分类与回归，而 YOLO 与 SSD 可以一步到位完成检测。相比 YOLO，SSD 采用 CNN 来直接进行检测，而不像 YOLO 那样在全连接层之后做检测。其实采用卷积直接做检测只是 SSD 相比 YOLO 的其中一个不同点，另外还有两个重要的改变：一是 SSD 提取了不同尺度的特征图来做检测，大尺度特征图(较靠前的特征图)可以用来检测小物体，而小尺度特征图(较靠后的特征图)用来检测大物体；二是 SSD 采用了不同尺度和长宽比的先验框(Prior boxes，Default boxes，在 Faster R-CNN 中叫作锚，Anchors)。YOLO 算法的缺点是难以检测小目标，而且定位不准，但是这几点重要改进使得 SSD 在一定程度上可克服这些缺点。也可通过观察图 7-17 分析不同的检测算法在基本框架上的差异。

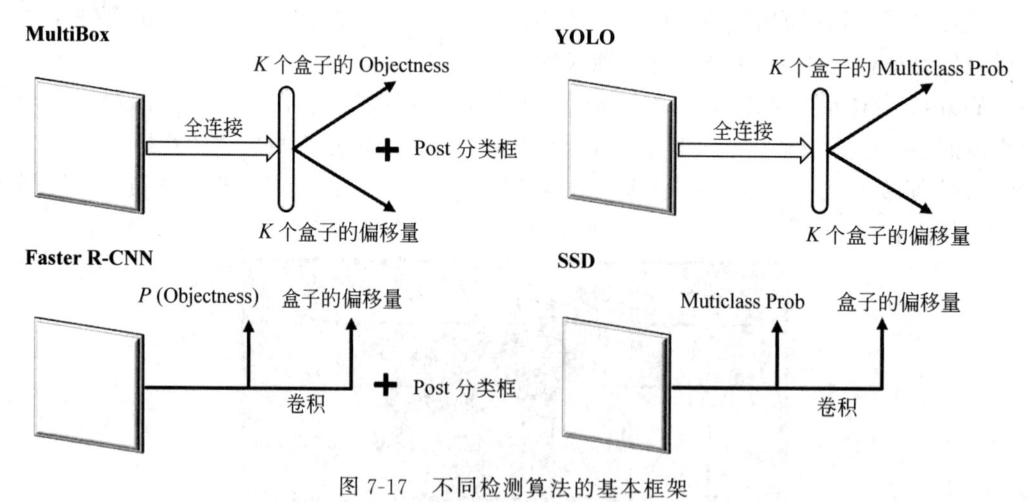


图 7-17　不同检测算法的基本框架

### 7.4.3 综合案例：YOLO 目标检测

此案例在 Windows 10 系统和 Python 3.5.4 环境下基于 OpenCV 的 4.0.1 版本对 YOLO 目标检测案例进行测试。

代码来源于 https://github.com/arunponnusamy/object-detection-opencv，使用经过

训练后 YOLO 3 的权重文件(文件来源于 https://pjreddie.com/media/files/yolov3.weights)。

程序需要输入 4 个参数：测试图像、YOLO 配置文件、已训练好的 YOLO 权重文件和包含类名的文本文件。

YOLO 配置文件是一个.cfg 格式文件，主要放了一些神经网络的配置数据，大概如图 7-18 所示。

```
[net]
# Testing
# batch=1
# subdivisions=1
# Training
batch=64
subdivisions=16
width=608
height=608
channels=3
momentum=0.9
decay=0.0005
angle=0
saturation = 1.5
exposure = 1.5
hue=.1
```

图 7-18　YOLO 配置文件

bacth = 1 为每 batch 个样本更新一次参数；subdivisions = 16 是在内存不够大时，将 batch 分割为 subdivisions 个子 batch；width = 608，height = 608 分别是输入图像的宽度和高度；channels = 3 是输入图像的通道数；momentum = 0.9 是动量，即梯度下降到最优值的速度，建议配置为 0.9；decay = 0.0005，权重衰减正则项以防止过拟合，decay 参数越大，对过拟合的抑制能力越强；angle = 0，通过旋转角度来生成更多训练样本，如果 angle = 10，就是生成新图片时随机旋转 −10°～10°；saturation = 1.5，调整饱和度；exposure = 1.5，调整曝光量；hue = .1，调整色调。后面还有一大堆配置，如想详细了解，可自行查阅。

已训练好的 YOLO 权重文件，顾名思义就是别人训练程序跑出来的权重文件，权重文件一般都会很大，包含了训练程序每一次跑过神经网络后留下来的参数，与网络复杂度、数据量、训练次数等有关。

包含类名的文本文件，就是一个简单的.txt 文档，在这因为权重文件是按照英文分类，所以分类文件也要按照英文分类，在案例中的分类文件是换行符区分每一个分类的。

接着是导入相关的包和模块。

```
1. import cv2
2. import argparse
3. import numpy as np
```

接着，使用 argparse 模块对参数进行解析，可以直接使用以下命令行在控制台使用“cd 项目文件目录”，然后运行下面代码直接测试：

```
1. python yolo_opencv.py --image 测试图片 --config 配置文件 --weights 权重文件 -
   -classes 分类文件
```

也可以对 argparse 模块进行传参：

```
1. ap =argparse.ArgumentParser()
2. ap.add_argument('-i', '--image', required=True,name="C:\Users\****\Desktop
   \YOLO\test2.jpg",help ='path to input image')
3. ap.add_argument('-c', '--config', required=True,name="C:\Users\****\
   Desktop\YOLO\yolov3.cfg",help ='path to yolo config file')
4. ap.add_argument('-w', '--weights', required=True,name="C:\Users\****\
```

```
    Desktop\YOLO\yolov3.weights",help ='path to yolo pre-trained weights')
5.  ap.add_argument('-cl', '--classes', required=True, name="C: \Users\****\
    Desktop\YOLO\yolov3.txt",help ='path to text file containing class names')
6.  args =ap.parse_args()
```

然后读取测试图片：

```
1.  image =cv2.imread(args.image)
2.  #读取图片大小
3.  Width =image.shape[1]
4.  Height =image.shape[0]
5.  #设置学习率
6.  scale =0.00392
```

接着读取分类文件：

```
1.  classes =None
2.  #读取分类文件
3.  with open(args.classes, 'r') as f:
4.      classes =[line.strip() for line in f.readlines()]
```

随机选择画框颜色，读取权重文件并规范化输入数据，放入神经网络，然后确认下一层神经网络：

```
1.  #为不同的类生成不同的颜色以绘制边界框
2.  COLORS =np.random.uniform(0, 255, size=(len(classes), 3))
3.  #行读取权重和配置文件并创建网络
4.  net =cv2.dnn.readNet(args.weights, args.config)
5.  #数据规范化
6.  blob =cv2.dnn.blobFromImage(image, scale, (416,416), (0,0,0), True, crop=
    False)
7.  #数据放入神经网络的输入层
8.  net.setInput(blob)
9.  #指定下一层神经网络
10. outs =net.forward(get_output_layers(net))
```

如何确认下一层的网络是一个 get_output_layers 函数，获取神经网络配置中的网络层数和名称，循环遍历得到下一层：

```
1.  def get_output_layers(net):
2.      layer_names =net.getLayerNames()
3.      output_layers =[layer_names[i[0] -1] for i in net
        .getUnconnectedOutLayers()]
4.      return output_layers
```

根据神经网络识别在分类里的物体：

```
1.  for out in outs:
```

```
2.      for detection in out:
3.          scores =detection[5:]
4.          class_id =np.argmax(scores)
5.          confidence =scores[class_id]
6.          if confidence >0.5:
7.              center_x =int(detection[0] * Width)
8.              center_y =int(detection[1] * Height)
9.              w =int(detection[2] * Width)
10.             h =int(detection[3] * Height)
11.             x =center_x -w / 2
12.             y =center_y -h / 2
13.             class_ids.append(class_id)
14.             confidences.append(float(confidence))
15.             boxes.append([x, y, w, h])
```

筛选出置信度低的框：

```
1. #执行非最大抑制以消除置信度较低的冗余重叠框
2. indices = cv2.dnn.NMSBoxes (boxes, confidences, conf _ threshold, nms _
   threshold)
```

开始在每个框中标注里面的物体名称：

```
1. for i in indices:
2.     i =i[0]
3.     box =boxes[i]
4.     x =box[0]
5.     y =box[1]
6.     w =box[2]
7.     h =box[3]
8.     draw_prediction(image, class_ids[i], confidences[i], round(x), round(y),
       round(x+w), round(y+h))
```

上面 for 循环只是找到了各个预选框，draw_prediction 函数才是标注的重要函数：

```
1. #在给定的预测区域上绘制矩形,并在框上写入类名称。如果需要,也可以写出置信度值
2. def draw_prediction(img, class_id, confidence, x, y, x_plus_w, y_plus_h):
3.     label =str(classes[class_id])
4.     color =COLORS[class_id]
5.     cv2.rectangle(img, (x,y), (x_plus_w,y_plus_h), color, 2)
6.     cv2.putText(img, label, (x-10,y-10), cv2.FONT_HERSHEY_SIMPLEX, 0.5,
       color, 2)
```

绘制完成后显示绘制后的图片：

```
1. cv2.imshow("object detection", image)
2. cv2.waitKey()
3. cv2.imwrite("object-detection.jpg", image)
```

```
4.  cv2.destroyAllWindows()
```

YOLO 测试结果显示如图 7-19 所示。

图 7-19　YOLO 测试结果

## 7.5　本章小结

目标检测一直是计算机视觉和数字图像处理的热门方向，被广泛应用于机器人导航、智能视频监控、工业检测、航天等诸多领域，通过计算机手段减少对人力资源的消耗，具有重要的现实意义。

本章从目标检测基础开始展开，讲解了传统的目标检测框架、结合候选区域和 CNN 分类的目标检测框架、回归问题的端到端目标检测框架，并分别给出了综合案例。虽然 One-Stage 检测算法和 Two-Stage 检测算法都取得了很好的效果，但是对于真实场景下的应用还存在一定差距，目标检测仍然是一个非常具有挑战性的课题，存在很大的提升潜力和空间。

## 思　考　题

(1) 目标检测基础中非极大值抑制如何实现？

(2) 如何提高传统目标检测中 DPM 行人检测的准确率？

(3) 在结合候选区域和 CNN 分类的目标检测框架中受到了哪些启发？

# 第8章 基于深度学习的图像分割

图像分割技术是计算机视觉领域的一个重要的研究方向，是图像语义理解的重要一环。图像分割是指将图像分成若干具有相似性质的区域的过程，从数学的角度来看，图像分割是将图像划分成互不相交的区域的过程。近些年来随着深度学习技术的逐步深入，图像分割技术有了突飞猛进的发展，与该技术相关的场景物体分割、人体前背景分割、人脸人体语义分析和三维重建等技术也已经在无人驾驶、增强现实、安防监控等行业得到了广泛的应用。

图像分割技术从算法演进历程上，大体可分为基于图论的方法、基于像素聚类的方法和基于深度语义的方法这三大类，图像分割技术在不同的时期涌现出了一批又一批经典的分割算法。

## 8.1 基于图论的方法

此类方法基于图论，利用图论领域的理论和方法，将图像映射为带权无向图，把像素视作节点，将图像分割问题看作图的顶点划分问题，利用最小剪切准则得到图像的最佳分割。此类方法把图像分割问题与图的最小分割问题相关联，通常的做法是将待分割的图像映射为带权无向图 $G=(V,E)$，其中，$V=\{-,\cdots,-\}$是顶点的集合，$E$ 为边的集合。图中每个节点 $N\in V$ 对应于图像中的每个像素，每条边$\in E$ 且连接着一对相邻的像素，边的权值 $w(v_i,v_j)$，$(v_i,v_j)\in E$，表示了相邻像素之间在灰度、颜色或纹理方面的非负相似度。而对图像的一个分割 $S$ 就是对图的一个剪切，被分割的每个区域 $C\in S$，对应这图的一个子图。

分割原则就是使划分后的子图在内部保持相似度最大，而子图之间的相似保持最小。把 $G=(V,E)$ 分成两个子集 $B$、$F$，且有 $B\cup F=V$，$B\cap F=\varnothing$，节点之间的边的连接权为 $w(v_i,v_j)$，则将图 $G$ 划分为 $B$、$F$ 两部分的代价函数为

$$\mathrm{Cut}(B,F)=\sum_{v_i\in B,v_j\in F} w(v_i,v_j) \tag{8-1}$$

使得上述公式值（剪切值）最小的划分$(B,F)$，即为图 $G$ 的最优二元划分，这一划分准则称为最小割集准则。基于图论的图像分割方法如图 8-1 所示。

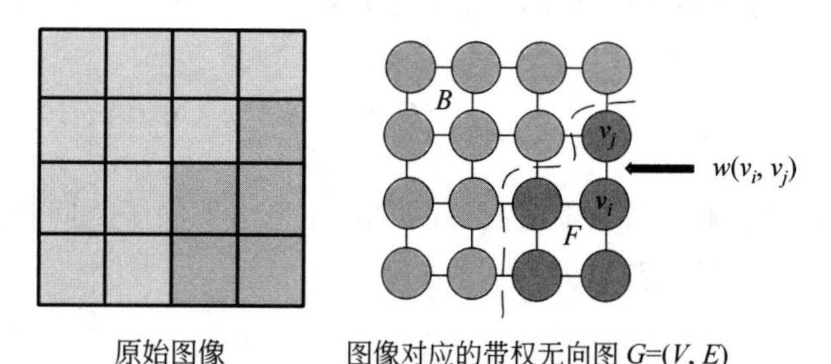


图 8-1 基于图论的图像分割方法

基于图论的代表方法有 NormalizedCut、GraphCut 和 GrabCut 等。

### 8.1.1 NormalizedCut

在理解 NormalizedCut 之前，需要先理解什么是分割(Cut)与最小化分割(Min-Cut)。

如图 8-2 所示，可以把图看成一个整体 $G$，把图分成两部分的黑色虚线就是最小化分割。

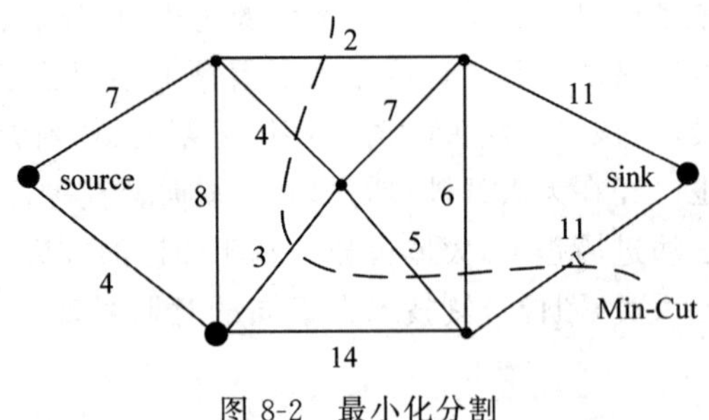


图 8-2 最小化分割

最小化分割解决了把权重图 $G$ 分成两部分的任务。但这里存在一个问题，如图 8-3 所示，想要的结果是中间黑实线表示的分割，但是最小化分割却切割了边缘的角。这种情况很容易理解，因为最小化切割就是让 Cut($A$,$B$)的值最小的情况，而边缘处 Cut($A$,$B$)确实是最小的。因此，在这种情况下的最小化切割会有偏差。NormalizedCut 就是为了解决这个问题。

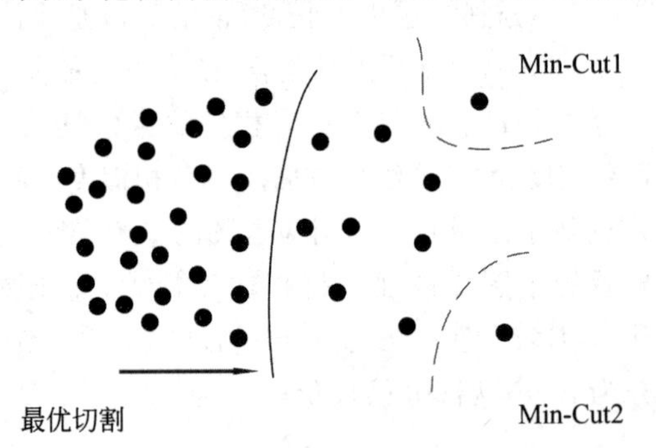


图 8-3 有偏差的最小化分割

使用 NormalizedCut 进行分割后，得到 Cut($A$,$B$)，然后分别除以表现顶点集大小的某种量度(如 vol$A$ = 所有 $A$ 中顶点集的度之和，其含义是 $A$ 中所有点到图中所有点的权重的和)，如式(8-2)：

$$\text{NormalizedCut}(A,B)=\frac{\text{Cut}(A,B)}{\text{vol}A}+\frac{\text{Cut}(A,B)}{\text{vol}B} \tag{8-2}$$

通过表达式可以很清晰地看到 NormalizedCut 在追求不同子集间点的权重最小值的同时也追求同一子集间点的权重和最大值。

### 8.1.2 GraphCut

GraphCut 图是在普通图的基础上多了两个顶点，分别用符号 $S$ 和 $T$ 表示，称为终端顶点。其他所有的顶点都必须和这两个顶点相连形成边集合中的一部分，所以 GraphCut 中有两种顶点，也有两种边。第一种普通顶点对应于图像中的每个像素。每两个邻域顶点的连接就是一条边，这种边也叫 $n$-link。除图像像素外，还有另外两个终端顶点，叫 $S$ 源点和 $T$ 汇点。每个普通顶点和这两个终端顶点之间都有连接，组成第二种边，这种边也叫 $t$-link，如图 8-4 所示。

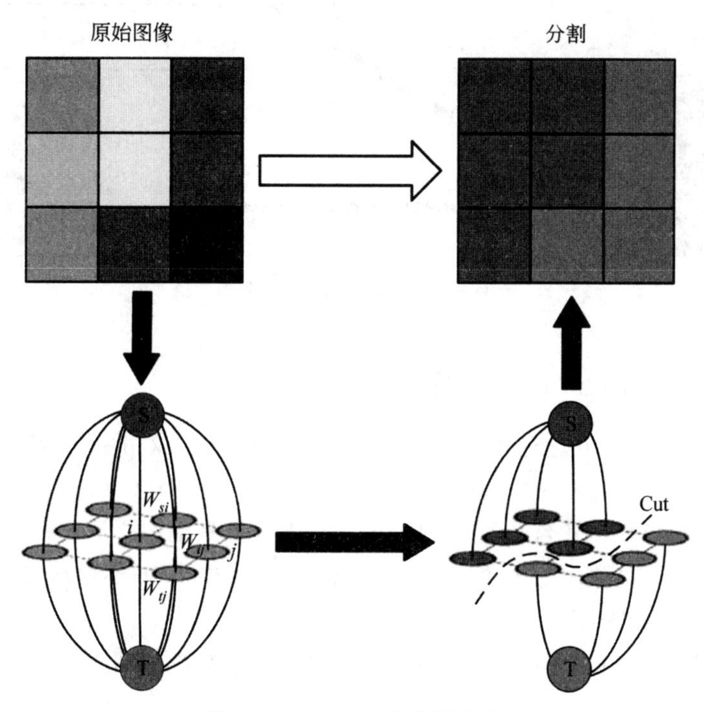


图 8-4　GraphCut 的整体架构

GraphCut 中的 Cut 是指这样一个边的集合：这些边集合包括了上面定义的两种边，该集合中所有边的断开会导致残留 $S$ 和 $T$ 图的分开，所以就称为“割”。如果一个割，它的边的所有权值之和最小，那么这个割就称为最小割，也就是图 8-4 中的分割结果。根据网络中最大流和最小割等价的原理，将图像的最优分割问题转化为求解对应图的最小割问题。由 Boykov 和 Kolmogorov 发明的 Max-Flow/Min-Cut 算法就可以用来获得 $S$-$T$ 图的最小割，这个最小割把图的顶点划分为两个不相交的子集 $S$ 和 $T$，其中 $S \in V$、$T \in V$ 和 $S \cup T = V$。这两个子集就对应于图像的前景像素集和背景像素集，那就相当于完成了图像分割。

### 8.1.3　GrabCut

GraphCut 算法利用了图像的像素灰度信息和区域边界信息，代价函数构建在全局最优的框架下，保证了分割效果。但 GraphCut 是 NP 难问题，且分割结果更倾向于具有相同的类内相似度。图 8-5 所示为 GraphCut 的整体架构。Rother 等人提出了基于迭代的图割方法，称为 GrabCut 算法。该算法使用高斯混合模型对目标和背景建模，利用了图像的 RGB 色彩信息和边界信息，通过少量的交互操作得到非常好的分割效果。

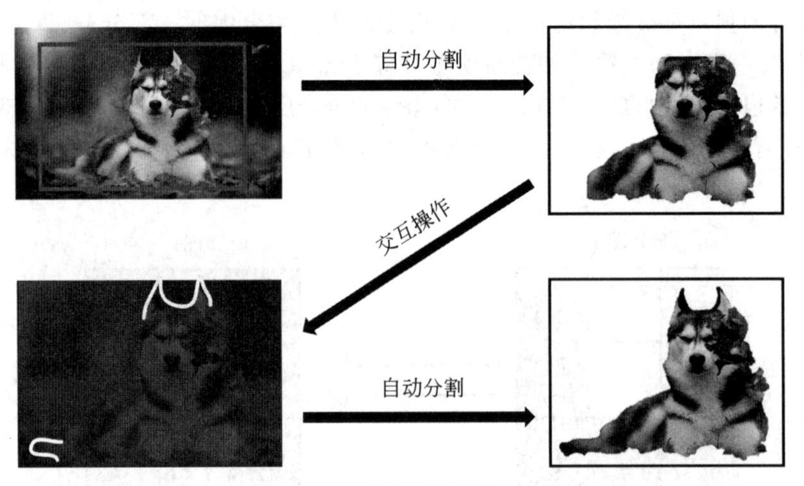


图 8-5　GrabCut 的整体架构

### 8.1.4　综合案例：GrabCut 前景提取

此案例在 Windows 10 系统和 Python 3.5.4 环境下基于 OpenCV 的 4.0.1 版本实现 GrabCut 前景提取。

本案例使用了 OpenCV 自带的 GrabCut 函数进行前景提取。原理是首先用矩形将要选择的前景区域选定，其中前景区域应该完全包含在矩形框当中；然后通过算法进行迭代式分割，直到达到效果最佳。

在完成 GrabCut 前景提取之前，首先需要导入所需的包或模块。

```
1.  import cv2
2.  import numpy as np
3.  from matplotlib import pyplot as plt
```

然后加载图像。

```
1.  img =cv2.imread('E:\data\dog.jpg')
```

接着，创建掩模、背景图和前景图。可以设置为 cv2.GC_BGD、cv2.GC_FGD、cv2.GC_PR_BGD、cv2.GC_PR_FGD，或者直接输入 0、1、2、3。bdgModel、fgdModel 是算法内部使用的数组。只需要创建两个大小为(1,65)，数据类型为 np.float64 的数组。

```
1.  #mask 返回一堆 0,1,2,3 的数组,shape[:2]形状切分宽和高,zeros 创建 0,0,0 的数组
2.  mask =np.zeros(img.shape[:2], np.uint8)          #创建大小相同的掩模
3.  bgdModel =np.zeros((1,65), np.float64)          #创建背景图像
4.  fgdModel =np.zeros((1,65), np.float64)          #创建前景图像
```

再接着，初始化矩形区域，这个矩形必须完全包含前景。

```
1.  #rect =(x,y,w,h),其中,x 为左边距,y 为上边距,w 为宽,h 为高
2.  rect =(100,200,726,1024)
```

引用 OpenCV 自带的 GrabCut 函数，传参，迭代 10 次。其中，cv2.GC_INIT_WITH_RECT 或 cv2.GC_INIT_WITH_MASK，使用矩阵模式或蒙版模式。cv2.GC_INIT_WITH_RECT：默认为 0，表示框出的矩形图案。

```
1.  cv2.grabCut(img, mask, rect, bgdModel, fgdModel, 10, cv2.GC_INIT_WITH_RECT)
                                                                    #迭代 10 次
```

mask 中，值为 2 和 0 的统一转化为 0，值为 1 和 3 的统一转化为 1。并插入一个新维度，将二维矩阵扩充为三维。

```
1.  mask2 =np.where((mask ==2) | (mask ==0), 0, 1).astype('uint8')
2.  img =img * mask2[:,:,np.newaxis]      #np.newaxis 插入一个新维度,相当于将二维矩
                                           阵扩充为三维
```

显示图片。

```
1.  plt.subplot(121), plt.imshow(img)
2.  plt.title("GrabCut"), plt.xticks([]), plt.yticks([])
3.  plt.subplot(122), plt.imshow(cv2.cvtColor(cv2.imread('E: \data\dog.jpg'),
    cv2.COLOR_BGR2RGB))
4.  plt.title("Original"), plt.xticks([]), plt.yticks([])
5.  plt.show()
```

GrabCut 的前景提取与原图对比如图 8-6 所示。

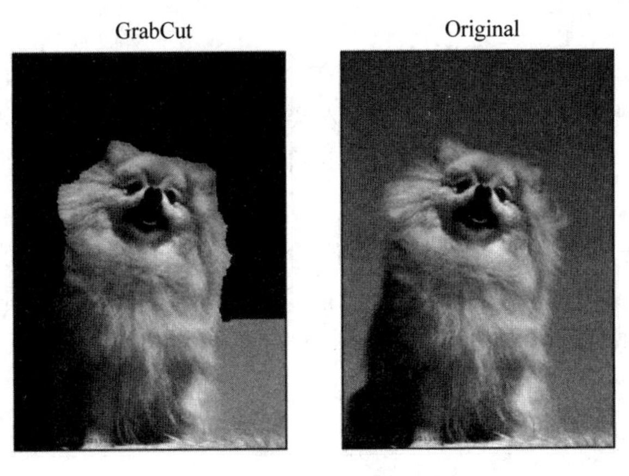


图 8-6　GrabCut 的前景提取与原图对比

## 8.2　基于聚类的方法

分割的一个通常观点就是希望知道数据集中的哪一部分应该自然地归为哪一类。这个问题就是所说的聚类，属于无监督学习。聚类的意思是由一组不同数据组成的数据集，希望根据模型将数据项合乎情理地集合在一起。例如，由遮挡产生的效果可知，同一物体在图像中经常需要分成各部分。聚类的例子如下：将聚在一起形成直线的样本点收集在一起；将

属于同一个基础矩阵的样本点收集在一起。

分级聚类表示针对一个较大的数据集，根据样本在数据集中的某种关系将它们划分。希望根据模型将它们分解成小段。例如将一幅图像分解成多个小区域，在各区域内的色彩和纹理具有一致属性；将一幅图像分解成一些广义块，由一些色彩、纹理以及运动都具有一致属性的区域组成，看起来像肢体段；将一个视频流分解成为镜头，从相同视点表述相同内容的小段视频。

聚类是一种方法，它将一个数据集转化成一堆簇，同一簇内对象彼此相似，与其他簇中的对象不相似，聚类包含属于同一类的数据点。可以很自然地想到图像分割也是一种聚类：要将属于同类的像素点聚类来表示一幅图像。具体适用的标准依赖于具体的应用，归于一类的像素点可能是因为有相同的颜色，也可能因为有相同的纹理，或者相邻，等等。

简单的聚类方法包括分解式聚类和凝聚式聚类两种。在分解式聚类中，整个数据集被作为一个集合，然后集合通过递归的方法逐步分裂成适当的聚类。在凝聚式聚类中每一个数据项都被看成一个独立的类，然后这些聚类通过递归的方法合并成适当的聚类。

机器学习中聚类方法解决图像分割问题的一般步骤如下。

(1) 初始化一个粗糙的聚类。

(2) 使用迭代的方式将颜色、亮度、纹理等特征相似的像素点聚类到同一超像素，迭代直至收敛，从而得到最终的图像分割结果。基于像素聚类的代表方法有 $K$-means($K$ 均值)、谱聚类、Meanshift 和 SLIC 等。

### 8.2.1 *K* 均值聚类

$K$ 均值算法是输入聚类个数 $K$，以及包含 $N$ 个数据对象的数据库，输出满足方差最小标准 $K$ 个聚类的一种算法。$K$ 均值算法输入类别数 $K$，然后将 $N$ 个数据对象划分为 $K$ 个聚类满足同一聚类中的对象相似度较高，而不同聚类中的对象相似度较小。

算法过程如下。

(1) 从 $N$ 个数据文档(样本)随机选取 $K$ 个数据文档作为质心(聚类中心)。

(2) 对每个数据文档测量其到每个质心的距离，并把它归到最近的质心的类。

(3) 重新计算已经得到的各个类的质心。

(4) 迭代(2)～(3)步直至新的质心与原质心相等或小于指定阈值，算法结束。

### 8.2.2 谱聚类

谱聚类(Spectral Clustering，SC)是一种基于图论的聚类方法。将带权的无向图划分为两个或两个以上的最优子图，使子图内部尽量相似，而子图间距离尽量远，以达到聚类的目的。与 $K$ 均值算法相比不容易陷入局部最优解，能够对高维度、非常规分布的数据进行聚类。与传统的聚类算法相比具有明显的优势，该算法能在任意形状的样本空间上执行，并且收敛于全局最优，这个特点使得它对数据的适应性非常广泛。为了进行聚类，需要利用高斯核计算任意两点间的相似度，以此构成相似度矩阵。

谱聚类以关联矩阵为基础，构建拉普拉斯矩阵，从而计算出矩阵的特征值和特征向量，接下来根据某种规则选取一个或多个特征向量进行聚类分析。但是它面临两个需要解决的难题：一是如何设置构造关联矩阵所需的高斯核尺度参数，对参数非常敏感；二是直接对拉普拉斯矩阵进行特征值分解的计算复杂度高达 $O(n^3)$，时间复杂度和空间复杂度大。这两个难题制约了传统谱聚类方法在实际中的应用。

对于 $K$-way 谱聚类算法，一般分为以下步骤。

(1) 构建相似度矩阵 $\boldsymbol{W}$。

(2) 根据相似度矩阵 $\boldsymbol{W}$ 构建拉普拉斯矩阵 $\boldsymbol{L}$(不同的算法有不同的拉普拉斯矩阵 $\boldsymbol{L}$)。

(3) 对拉普拉斯矩阵 $\boldsymbol{L}$ 进行特征分解，选取特征向量组成特征空间。

(4) 在特征空间中利用 $K$ 均值算法，输出聚类结果。

### 8.2.3 Meanshift

Meanshift 算法的原理是在 $d$ 维空间中，任选一点作为圆心，以 $h$ 为半径画圆。圆心和圆内的每个点都构成一个向量。将这些向量进行矢量加法操作，得到的结果就是 Meanshift 向量。继续以 Meanshift 向量的终点为圆心画圆，得到下一个 Meanshift 向量。通过有限次迭代计算，Meanshift 算法一定可以收敛到图中概率密度最大的位置，即数据分布的稳定点，称为模点。利用 Meanshift 进行图像分割，就是把具有相同模点的像素聚类到同一区域的过程，其形式化定义为

$$y_{k+1}^{\text{mean}} = \arg\min_z \sum_i || x_i - z ||^2 \varphi\left( || \frac{x_i - y_k}{h} ||^2 \right) \tag{8-3}$$

其中，$x_i$ 表示待聚类的样本点，$y_k$ 代表点的当前位置，$y_{k+1}^{\text{mean}}$ 代表点的下一个位置，$h$ 表示带宽。Meanshift 算法的稳定性、鲁棒性较好，有广泛的应用。但是分割时所包含的语义信息较少，分割效果不够理想，无法有效地控制超像素的数量，且运行速度较慢，不适用于实时处理任务。

### 8.2.4 SLIC

SLIC(Simple Linear Iterative Clustering)是 Achanta 等人于 2010 年提出的一种思想简单、实现方便的算法，可以将彩色图像转化为 CIE Lab 颜色空间和 $XY$ 坐标下的五维特征向量，然后对五维特征向量构造距离度量标准，对图像像素进行局部聚类的过程，如图 8-7 所示。SLIC 算法能生成紧凑、近似均匀的超像素，在运算速度、物体轮廓保持、超像素形状方面具有较高的综合评价，比较符合人们期望的分割效果。

SLIC 算法将 $K$ 均值算法用于超像素聚类的处理。$K$ 均值算法的时间复杂度是 $O(NKI)$，其中，$N$ 是图像的像素数，$K$ 是聚类数，$I$ 是迭代次数。

SLIC 具体的实现步骤如下。

(1) 将图像转为 CIE Lab 颜色空间。

(2) 初始化 $K$ 个种子点(聚类中心)，在图像上平均撒落 $K$ 个点，$K$ 个点均匀地占满整幅图像。

(3) 对种子点在内的 $N\times N$(一般为 $3\times3$)区域计算每个像素点的梯度值，选择值最小(最平滑)的点作为新的种子点，这一步主要是为了防止种子点落在轮廓边界上。

(4) 对种子点周围 $2S\times2S$ 的方形区域内的所有像素点计算距离度量，对于 $K$ 均值算

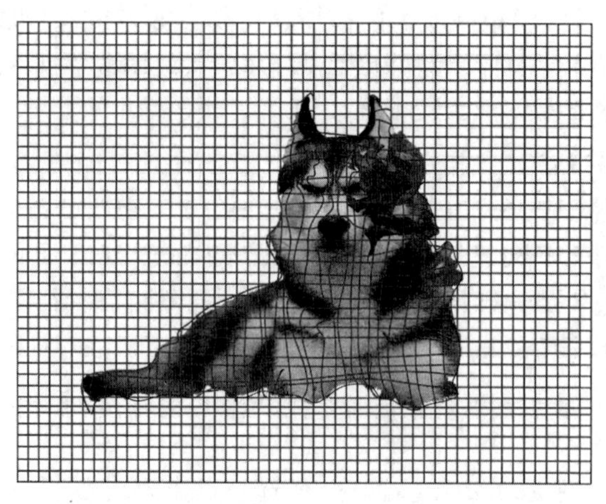

图 8-7　SLIC 的整体架构

法是计算整张图的所有像素点，而 SLIC 的计算范围是 $2S\times2S$，所以 SLIC 实验法收敛速度很快。其中，$S=\mathrm{sqrt}(N/K)$，$N$ 是图像像素个数；

（5）每个像素点都可能被几个种子点计算距离度量，选择其中最小的距离度量对应的种子点作为其聚类中心。

图 8-8 所示为 $K$ 均值算法与 SLIC 在空间搜索上的差异。

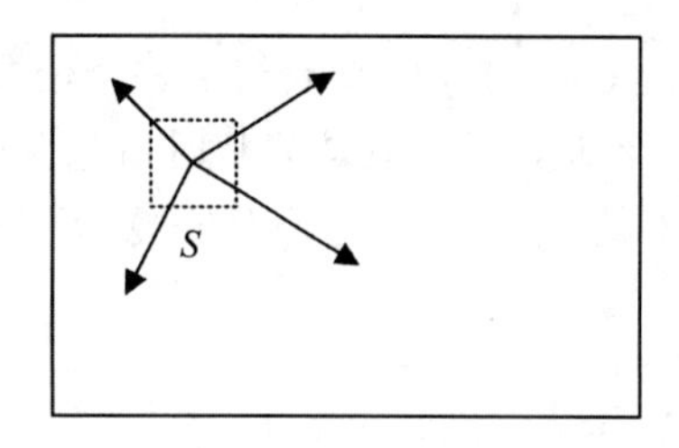


（a）$K$ 均值算法对整个图片空间进行搜索

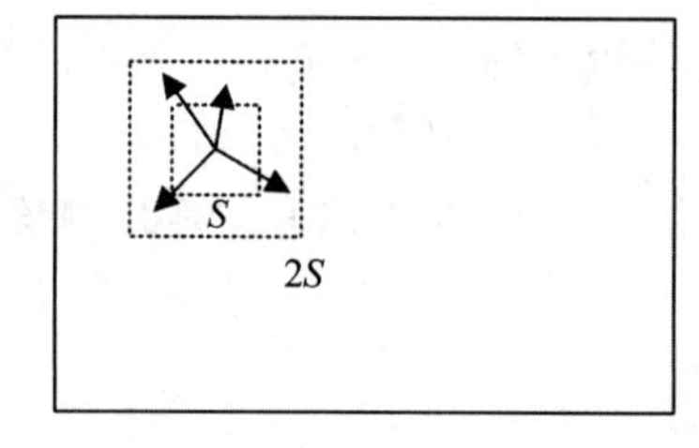


（b）SLIC 对某个局部空间进行搜索聚类

图 8-8　$K$ 均值算法和 SLIC 空间搜索

### 8.2.5　聚类应用

#### 1. 背景差分

通过从图像中减去背景图像的估计值，然后从结果中寻找绝对值比较大的部分来获得有用的分割。主要的问题在于获得一个背景图像好的估计值。一种简单的方法就是直接取一张背景图片。这种简易的办法太不精确，因为一般情况下，背景随着时间的推移是在慢慢改变的。一种不错的方法是使用运动平均方法估计背景像素点的值。在这个方法中，计算每一个背景像素点先前值的加权平均作为它当前的估计值。这个说法仅适于背景图是自然背景时，在此以自然背景作为讲解，所以天气变化可以直接影响背景图，如云层的变化、太阳角度、突然下大雨等。

**2. 镜头的边界检测**

较长的视频流是由一系列镜头组成的。镜头指的是基本上显示的是同一物体的较短视频流。一般来说,这些镜头是编辑处理过程的产物,很少有两镜头在某处衔接的记录。用一些镜头来表示一段视频是很有用的,而每一个镜头又可以用关键帧表示。这种表示可以用于视频的检索或者概括视频内容,以便用户进行浏览。

自动地寻找这些镜头的边界。镜头的边界检测是简单分割算法的一个重要而可行的应用。镜头边界检测算法必须在视频中找出那些和上一帧相差很大的帧。检测镜头边界必须考虑在给定的镜头内部,物体和背景都可能在视野中移动。一般来说,这种检测采用某种形式的距离度量,如果距离大于一个给定阈值,则一个镜头边界会被检测到。

### 8.2.6　综合案例:SLIC 分割超像素

此案例在 Windows 10 系统和 Python 3.5.4 环境下基于 skimage 实现 SLIC 分割超像素。

本案例使用了 skimage 自带的 slic 函数分割超像素。原理是首先用矩形将要选择的前景区域选定,而且前景区域应该完全被包含在矩形框当中。然后算法进行迭代式分割,直到达到效果最佳。

要完成 GrabCut 前景提取首先需要导入所需的包或模块。

```
1.  from skimage.segmentation import slic,mark_boundaries
2.  from skimage import io
3.  import matplotlib.pyplot as plt
```

然后加载图片。

```
1.  img =io.imread("E:\data\dog.jpg")
```

接着,引用 skimage 自带的 slic 函数,传参并显示。n_segments 为分割的超像素块数;compactness 控制颜色和空间之间的平衡,更高的维度给更大的权重,空间接近,使超像素形状更加立体,最好先确定指数级别再微调。

```
1.  segments =slic(img, n_segments=60, compactness=10)
2.  out=mark_boundaries(img,segments)
3.  #print(segments)
4.  plt.subplot(121)
5.  plt.title("n_segments=60 compactness=10")
6.  plt.imshow(out)
```

SLIC 分割超像素如图 8-9 所示。

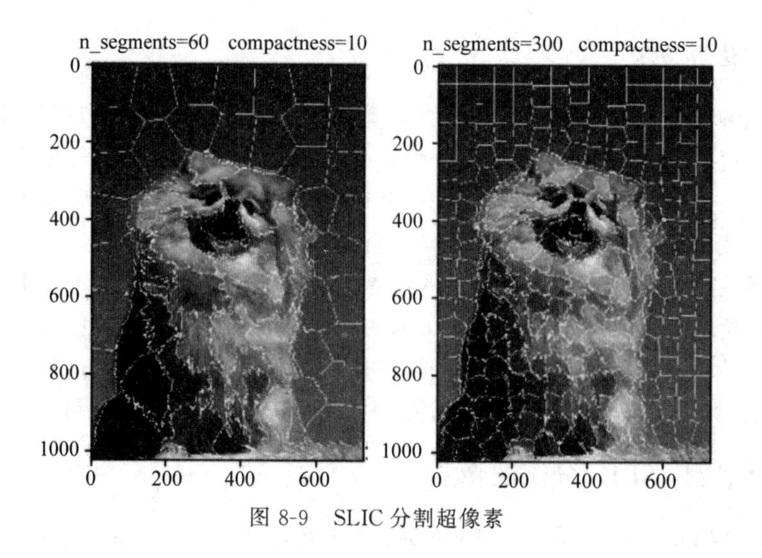


图 8-9 SLIC 分割超像素

## 8.3 基于深度语义的方法

聚类方法可以将图像分割成大小均匀、紧凑度合适的超像素块，为后续的处理任务提供基础。但在实际场景的图片中，一些物体的结构比较复杂，内部差异性较大，仅利用像素点的颜色、亮度、纹理等较低层次的内容信息，不足以生成好的分割效果，而容易产生错误的分割。因此，需要更多地结合图像提供的中高层内容信息辅助图像分割，这称为图像语义分割。

深度学习技术出现以后，在图像分类任务方面取得了很大的成功，尤其是深度学习技术对高级语义信息的建模能力，很大程度上解决了传统图像分割方法中语义信息缺失的问题。

2013 年，LeCun 的学生 Farabet 等人使用有监督的方法训练了一个多尺度的深度卷积分类网络。该网络以某个分类的像素为中心进行多尺度采样，将多尺度的局部图像送到 CNN 分类器中逐一进行分类，最终得到每个像素所属的语义类别。在实际操作中，首先对图片进行了超像素聚类，进而对每一个超像素进行分类得到最后的分割结果，一定程度上提高了分割的速度。这种做法虽然取得了不错的效果，但是由于逐像素地进行窗口采样得到的始终是局部信息，整体的语义还是不够丰富，于是就有了后面一系列的改进方案，下面选择几种有代表性的网络进行逐一分析。

### 8.3.1 FCN

全卷积网络的语义分割（Fully Convolutional Networks for Semantic Segmentation，FCN）是由 Long 等人在 2014 年提出的，也是深度学习在图像分割领域的开山之作。针对图像分割问题设计另一种针对任意大小的输入图像，训练端到端的全卷积神经网络的框架，实现逐像素分类，奠定了使用深度网络解决图像语义分割问题的基础框架。

为了克服卷积网络最后输出层缺失空间信息这一不足，通过双线性插值上采样和组合中间层输出的特征图，将粗糙（Coarse）分割结果转换为密集（Dense）分割结果。不过，FCN

由于采用了如图 8-10 所示的采样技术会丢失很多细节信息，白色的方块全为卷积层。

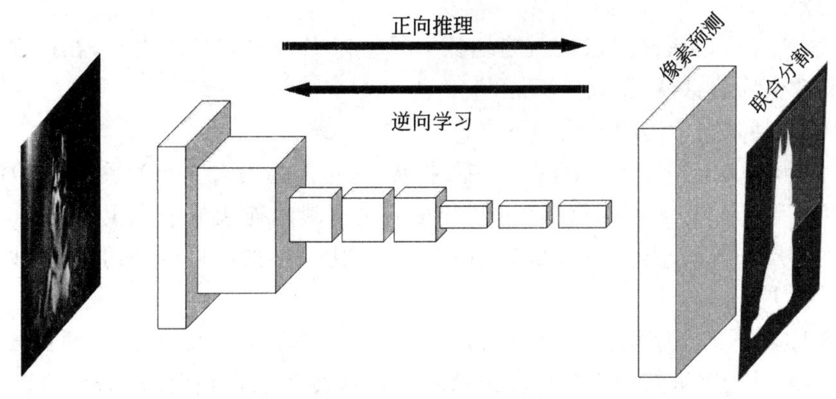


图 8-10　FCN 的采样技术

## 8.3.2　DeepLab 系列

DeepLab-v1 在 FCN 框架的末端增加可全连接条件随机场，使得分割更精确。DeepLab 模型，首先使用双线性插值法对 FCN 的输出结果上采样得到粗糙分割结果，以该结果图中每个像素为一个节点构造 CRF 模型，提高模型捕获细节的能力。该系列的网络中采用了 Dilated/Atrous Convolution 的方式扩展感受野，获取更多的上下文信息，避免了 DCNN 中重复最大池化和下采样带来的分辨率下降问题，分辨率的下降会丢失细节。

DeepLab-v2 提出了一个类似的结构，在给定的输入上以不同采样率的空洞卷积并行采样，相当于以多个比例捕捉图像的上下文，称为 ASPP(Atrous Spatial Pyramid Pooling)模块，同时采用了深度残差网络替换 VGG16，增加了模型的拟合能力。DeepLab-v3 重点探讨了空洞卷积的使用，同时改进了 ASPP 模块，便于更好地捕捉多尺度上下文，在实际应用中获得了非常好的效果。图 8-11 所示为使用不同采样率的空洞卷积并行采样。

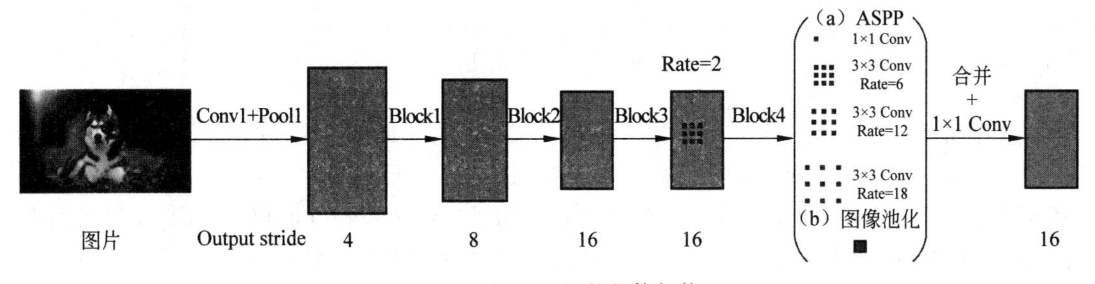


图 8-11　DeepLab 的整体架构

## 8.3.3　PSPNet

金字塔场景分析网络(Pyramid Scene Parsing Network，PSPNet)是在 CVPR 2017 (IEEE Conference on Computer Vision and Pattern Recognition)论文中提出的，金字塔池化模块(Pyramid Pooling Module)能够聚合不同区域的上下文信息，从而提高获取全局信

息的能力。实验表明这样的先验表示(即指代 PSP 这个结构)是有效的,在多个数据集上展现了优良的效果。

在一般 CNN 中感受野可以被粗略地认为是使用上下文信息的大小,在许多网络中没有充分地获取全局信息,所以效果不好。

要解决这一问题,常用的方法如下。

(1) 用全局平均池化处理。这在某些数据集上,可能会失去空间关系并导致模糊。

(2) 由金字塔池化产生不同层次的特征最后被平滑地连接成一个矩阵信息,然后放入 FC 层(全连接层)进行分类。这样可以去除 CNN 固定大小的图像分类约束,减少不同区域之间的信息损失。

如图 8-12 所示的金字塔池化模块能够聚合不同区域的上下文信息,从而提高获取全局信息的能力,通过金字塔结构将多尺度信息的全局特征和局部特征嵌入基于 FCN 的预测框架中,并针对上下文复杂的场景和小目标做了提升。为了提高收敛的速度,在主干网络中增加了额外的监督损失函数。

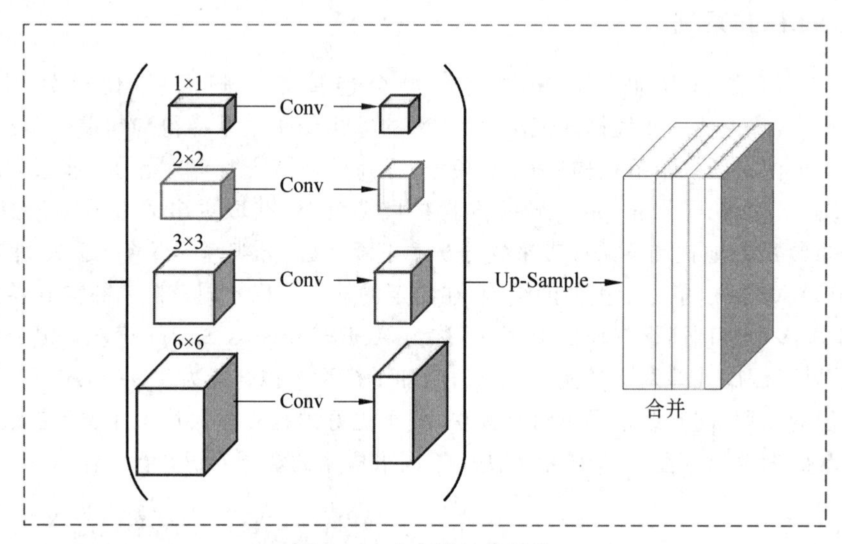


图 8-12　金字塔池化模块

金字塔池化模块是一个具有层次全局优先级并包含不同子区域之间的不同尺度的信息模块。该模块融合了 4 种不同金字塔尺度的特征,第一行是最粗糙的特征——全局池化生成单个输出,后面三行是不同尺度的池化特征。为了保证全局特征的权重,如果金字塔共有 $N$ 个级别,则在每个级别后使用 $1\times1$ 的卷积将级别通道降为原本的 $1/N$。再通过双线性插值获得未池化前的大小,最终合并到一起。

金字塔等级的池化核大小可以设定,这与送到金字塔的输入有关。图 8-13 使用的四个等级,核大小分别为 $1\times1$、$2\times2$、$3\times3$ 和 $6\times6$。

在图 8-13 中,输入的图像经过预训练模型和空洞卷积策略提取特征数组,然后再经过金字塔池化模块得到融合的带有整体信息的特征,在上采样与池化前的特征数组相合并,最后通过一个卷积层得到最终输出。

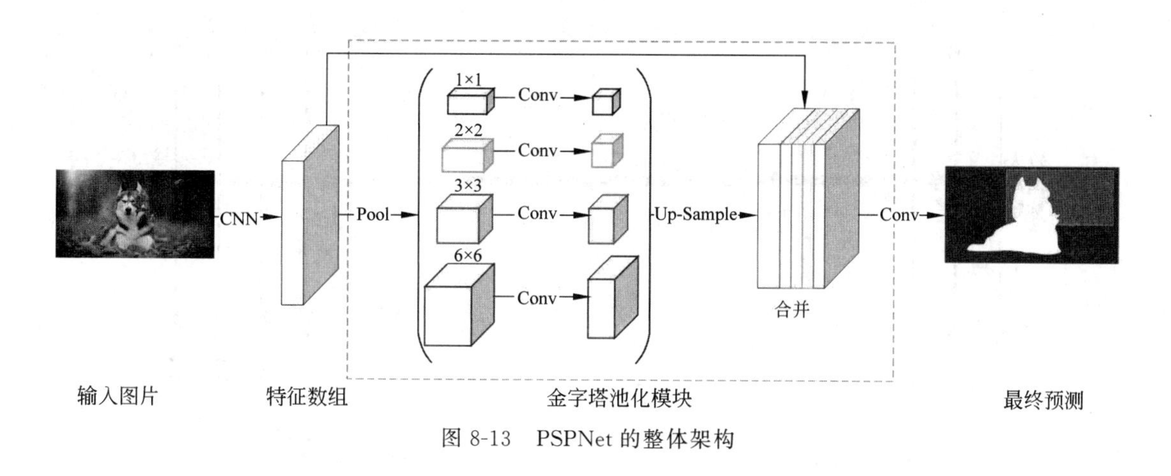


图 8-13　PSPNet 的整体架构

### 8.3.4　U-Net

U-Net 由弗莱堡大学的 Olaf Ronneberger 等人在 2015 年提出，相较于 FCN 多尺度信息更加丰富，最初是用在医疗图像分割上。U-Net 的整体架构如图 8-14 所示。

在生物图像分割中存在两个最为突出的挑战：一是可获得的训练数据很少；二是对于同一类连接的目标分割。U-Net 解决第一个问题的方法是通过数据扩大（Data Augmentation），使用在粗糙的 3×3 点阵上的随机取代向量来生成平缓的变形。解决第二个问题是通过使用加权损失（Weighted Loss），这是基于相邻细胞的分界的背景标签在损耗函数中有很高的权值。

在图 8-14 中的编码部分，每经过一个池化层就构造一个新的尺度，包括原图尺度一共有 5 个尺度。解码部分，每上采样一次，就和特征提取部分对应的通道数相同尺度融合。这样就获得了更丰富的上下文信息，在解码的过程中通过多尺度的融合丰富了细节信息，提高分割的精度。

### 8.3.5　SegNet

SegNet 和 FCN 思路十分相似，只是编码器中的池化和解码器中的上采样使用的技术不一致。此外 SegNet 的编码器部分使用的是 VGG16 的前 13 层卷积网络，每个编码器层都对应一个解码器层。

如图 8-15 所示，不但定义了卷积层（Conv）、激活函数（ReLU）和批量正规化（Batch Normalisation），还定义了池化层（Pooling）、上采样和分类函数（Softmax），由此组成 SegNet 神经网络模块。

图 8-16 讲解了一张图片通过图 8-15 的 SegNet 神经网络模块时，经过卷积编码和解码实现了一个图片的分割。

图 8-17 讲解了 Pooling 和 Unpooling，即池化和逆池化。在 SegNet 中的池化与 FCN 的池化相比多了一个记录位置 index 的功能，也就是每次池化，都会保存通过最大运算选出的权值在滤波器（Filter）中的相对位置，逆池化就是池化的逆过程，逆池化使得图片变大 2 倍。最大池化之后，每个触发器丢失的权重是无法复原的，但是在逆池化层中可以得到在池

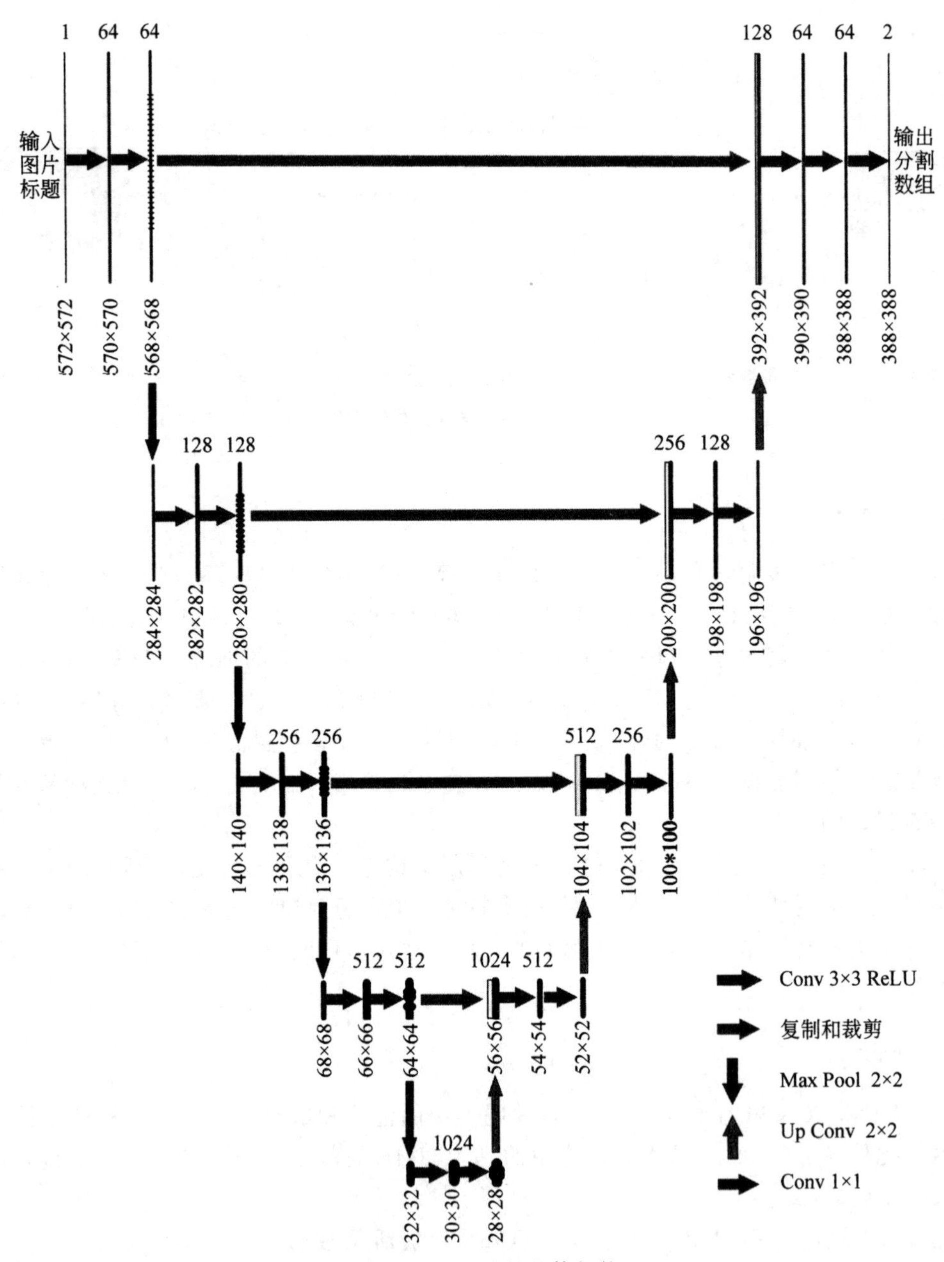


图 8-14 U-Net 的整体架构

化中相对池化滤波器的位置，所以逆池化中先对输入的特征图放大两倍，然后把输入特征图的数据根据池化索引放入，总体计算效率也比 FCN 略高。

### 8.3.6 综合案例：细胞壁检测

案例代码来源于 https://github.com/zhixuhao/unet，在 Windows 10 系统和 Python 3.5.4 环境下基于 Keras 实现 U-Net 图像分割。

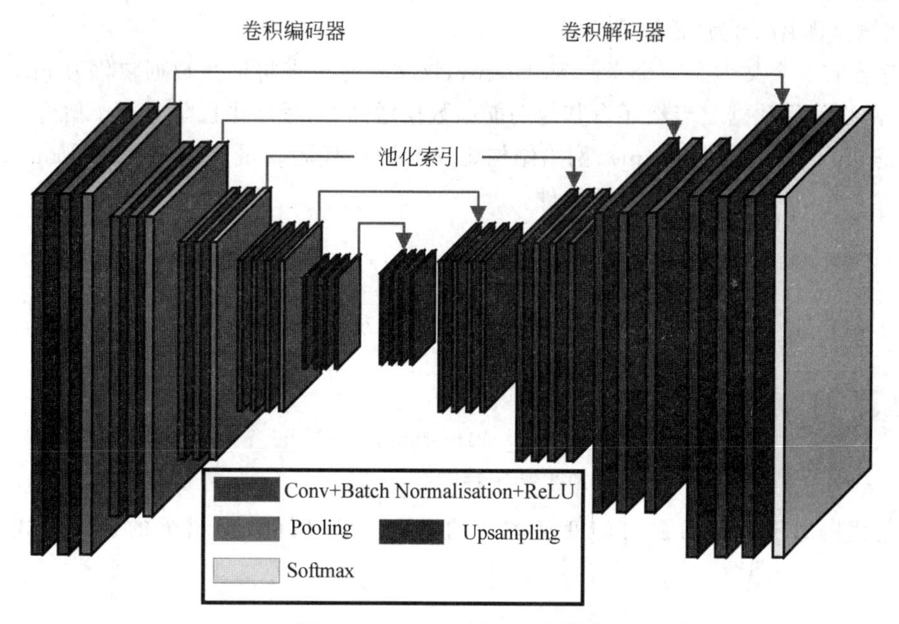


图 8-15　SegNet 神经网络模块

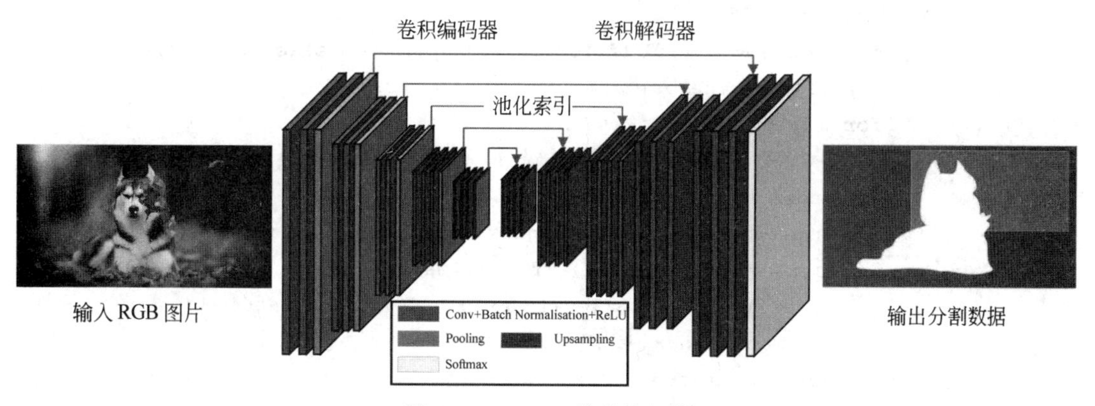


图 8-16　SegNet 的整体架构

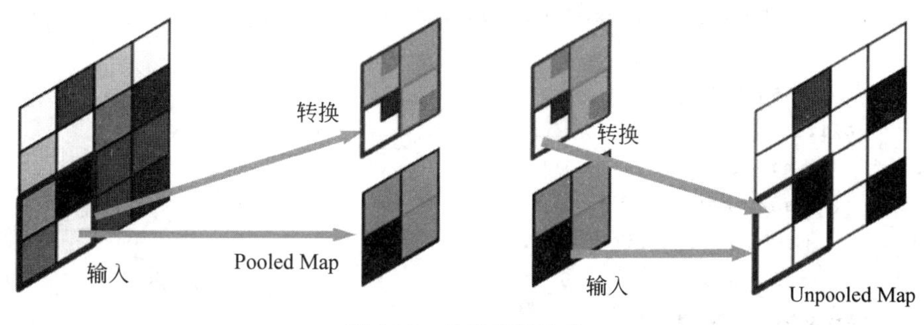


图 8-17　池化和逆池化

首先准备数据，参考数据来自于 ISBI 挑战的数据集。含 30 张训练图、30 张对应的标签、30 张测试图片，均为.tif 格式文件。

程序含有 3 个文件。一个文件为 data.py，该文件是用来将训练数据转化为.npy 格式文件，便于网络使用数据。当然还有其他功能如数据增强等，程序中已经进行了解释。另外一个文件是 unet.py，该文件为 unet 网络结构定义与测试代码。最后一个文件是 main.py，该文件是主文件，是最后需要运行的文件。

```
1. data_gen_args =dict(rotation_range=0.2,
2.                     width_shift_range=0.05,
3.                     height_shift_range=0.05,
4.                     shear_range=0.05,
5.                     zoom_range=0.05,
6.                     horizontal_flip=True,
7.                     fill_mode='nearest')
```

以上代码属于数据增强时的变换方式的字典。定义好数据增强的变换方式后传参生成。

```
1. def adjustData(img,mask,flag_multi_class,num_class):
2.     if(flag_multi_class):
3.         img =img / 255
4.         mask =mask[:,:,:,0] if(len(mask.shape) ==4) else mask[:,:,0]
5.         new_mask =np.zeros(mask.shape +(num_class,))
6.         for i in range(num_class):
7.             #对于图像中的一个像素,在 mask 中找到类并将其转换为一个热向量
8.             index =np.where(mask ==i)
9.             index_mask =(index[0],index[1],index[2],np.zeros(len(index[0]),
               dtype =np.int64) +i) if (len(mask.shape) ==4) else (index[0],
               index[1],np.zeros(len(index[0]),dtype =np.int64) +i)
10.            new_mask[index_mask] =1
11.            new_mask[mask ==i,i] =1
12.        new_mask =np.reshape(new_mask,(new_mask.shape[0],new_mask.shape[1]
           *new_mask.shape[2],new_mask.shape[3])) if flag_multi_class else np.
           reshape(new_mask,(new_mask.shape[0]*new_mask.shape[1],new_mask.
           shape[2]))
13.        mask =new_mask
14.    elif(np.max(img) >1):
15.        img =img / 255
16.        mask =mask /255
17.        mask[mask >0.5] =1
18.        mask[mask <=0.5] =0
19.    return (img,mask)
20. def trainGenerator(batch_size,train_path,image_folder,mask_folder,aug_
    dict,image_color_mode ="grayscale",
```

```
21.                     mask_color_mode ="grayscale",image_save_prefix  =
                        "image",mask_save_prefix  ="mask",
22.                     flag_multi_class =False,num_class =2,save_to_dir =None,
                        target_size =(256,256),seed =1):
23.     '''''
24.         可以同时生成图像和遮罩
25.         对 image_datagen 和 mask_datagen 使用相同的种子,以确保对图像和遮罩的转换
26.         是相同的。如果希望可视化生成器的结果,可设置 save_to_dir ="your path"
27.     '''
28.     image_datagen =ImageDataGenerator(**aug_dict)
29.     mask_datagen =ImageDataGenerator(**aug_dict)
30.     image_generator =image_datagen.flow_from_directory(
31.         train_path,
32.         classes =[image_folder],
33.         class_mode =None,
34.         color_mode =image_color_mode,
35.         target_size =target_size,
36.         batch_size =batch_size,
37.         save_to_dir =save_to_dir,
38.         save_prefix =image_save_prefix,
39.         seed =seed)
40.     mask_generator =mask_datagen.flow_from_directory(
41.         train_path,
42.         classes =[mask_folder],
43.         class_mode =None,
44.         color_mode =mask_color_mode,
45.         target_size =target_size,
46.         batch_size =batch_size,
47.         save_to_dir =save_to_dir,
48.         save_prefix =mask_save_prefix,
49.         seed =seed)
50.     train_generator =zip(image_generator, mask_generator)
51.     for (img,mask) in train_generator:
52.         img,mask =adjustData(img,mask,flag_multi_class,num_class)
53.         yield (img,mask)
54. myGene =trainGenerator(2,'data/membrane/train/','image','label',data_gen_
    args,save_to_dir =None)
```

以上代码涉及了两个函数：adjustData 函数主要是对训练集的数据和标签的像素值进行归一化;trainGenerator 函数主要是产生一个数据增强的图片生成器,方便后面使用这个生成器不断生成图片。

```
1. def unet(pretrained_weights =None,input_size =(256,256,1)):
2.     inputs =Input(input_size)
3.     conv1 =Conv2D(64, 3, activation ='relu', padding ='same', kernel_
```

```
    initializer ='he_normal')(inputs)
4.  conv1 =Conv2D(64, 3, activation ='relu', padding ='same', kernel_
    initializer ='he_normal')(conv1)
5.  pool1 =MaxPooling2D(pool_size=(2, 2))(conv1)
6.  conv2 =Conv2D(128, 3, activation ='relu', padding ='same', kernel_
    initializer ='he_normal')(pool1)
7.  conv2 =Conv2D(128, 3, activation ='relu', padding ='same', kernel_
    initializer ='he_normal')(conv2)
8.  pool2 =MaxPooling2D(pool_size=(2, 2))(conv2)
9.  conv3 =Conv2D(256, 3, activation ='relu', padding ='same', kernel_
    initializer ='he_normal')(pool2)
10. conv3 =Conv2D(256, 3, activation ='relu', padding ='same', kernel_
    initializer ='he_normal')(conv3)
11. pool3 =MaxPooling2D(pool_size=(2, 2))(conv3)
12. conv4 =Conv2D(512, 3, activation ='relu', padding ='same', kernel_
    initializer ='he_normal')(pool3)
13. conv4 =Conv2D(512, 3, activation ='relu', padding ='same', kernel_
    initializer ='he_normal')(conv4)
14. drop4 =Dropout(0.5)(conv4)
15. pool4 =MaxPooling2D(pool_size=(2, 2))(drop4)
16. conv5 =Conv2D(1024, 3, activation ='relu', padding ='same', kernel_
    initializer ='he_normal')(pool4)
17. conv5 =Conv2D(1024, 3, activation ='relu', padding ='same', kernel_
    initializer ='he_normal')(conv5)
18. drop5 =Dropout(0.5)(conv5)
19. up6 =Conv2D(512, 2, activation ='relu', padding ='same', kernel_
    initializer ='he_normal')(UpSampling2D(size =(2,2))(drop5))
20. merge6 =concatenate([drop4,up6], axis =3)
21. conv6 =Conv2D(512, 3, activation ='relu', padding ='same', kernel_
    initializer ='he_normal')(merge6)
22. conv6 =Conv2D(512, 3, activation ='relu', padding ='same', kernel_
    initializer ='he_normal')(conv6)
23. up7 =Conv2D(256, 2, activation ='relu', padding ='same', kernel_
    initializer ='he_normal')(UpSampling2D(size =(2,2))(conv6))
24. merge7 =concatenate([conv3,up7], axis =3)
25. conv7 =Conv2D(256, 3, activation ='relu', padding ='same', kernel_
    initializer ='he_normal')(merge7)
26. conv7 =Conv2D(256, 3, activation ='relu', padding ='same', kernel_
    initializer ='he_normal')(conv7)
27. up8 =Conv2D(128, 2, activation ='relu', padding ='same', kernel_
    initializer ='he_normal')(UpSampling2D(size =(2,2))(conv7))
28. merge8 =concatenate([conv2,up8], axis =3)
29. conv8 =Conv2D(128, 3, activation ='relu', padding ='same', kernel_
    initializer ='he_normal')(merge8)
```

```
30.     conv8 =Conv2D(128, 3, activation ='relu', padding ='same', kernel_
        initializer ='he_normal')(conv8)
31.     up9 =Conv2D(64, 2, activation ='relu', padding ='same', kernel_
        initializer ='he_normal')(UpSampling2D(size =(2,2))(conv8))
32.     merge9 =concatenate([conv1,up9], axis =3)
33.     conv9 =Conv2D(64, 3, activation ='relu', padding ='same', kernel_
        initializer ='he_normal')(merge9)
34.     conv9 =Conv2D(64, 3, activation ='relu', padding ='same', kernel_
        initializer ='he_normal')(conv9)
35.     conv9 =Conv2D(2, 3, activation ='relu', padding ='same', kernel_
        initializer ='he_normal')(conv9)
36.     conv10 =Conv2D(1, 1, activation ='sigmoid')(conv9)
37.     model =Model(input =inputs, output =conv10)
38.     model.compile(optimizer =Adam(lr =1e-4), loss ='binary_
        crossentropy', metrics =['accuracy'])
39.     if(pretrained_weights):
40.         model.load_weights(pretrained_weights)
41.     return model
42. model =unet()
```

以上代码属于 U-Net 图像分割神经网络部分的搭建具体代码，其中第 38 行的 compile 函数属于自定义损失函数部分，用二进制交叉熵，也就是 Sigmoid 交叉熵，metrics 一般选用准确率，它会使准确率往高处发展。

```
1. #回调函数,第一个是保存模型路径;第二个是检测的值,检测 loss 时使它最小;第三个是只保
   存在验证集上性能最好的模型
2. model_checkpoint = ModelCheckpoint('unet_membrane.hdf5', monitor='loss',
   verbose=1, save_best_only=True)
3. #steps_per_epoch 指的是每个 epoch 有多少个 batch_size,也就是训练集总样本数除以
   batch_size 的值
4. model.fit_generator(myGene,steps_per_epoch=300,epochs=1,callbacks=[model_
   checkpoint])  #上面一行是利用生成器进行 batch_size 数量的训练,样本和标签通过
                  myGene 传入
```

以上函数包含了回调函数和部分训练超参数的设置。

```
1. def testGenerator(test_path,num_image =30,target_size =(256,256),flag_multi
   _class =False,as_gray =True):
2.     for i in range(num_image):
3.         img =io.imread(os.path.join(test_path,"%d.png"%i),as_gray =as_gray)
4.         img =img / 255
5.         img =trans.resize(img,target_size)
6.         img =np.reshape(img,img.shape+(1,)) if (not flag_multi_class)
           else img
7.         img =np.reshape(img,(1,)+img.shape)
8.         yield img
```

```
9.  testGene =testGenerator("data/membrane/test/")
```

以上代码中的 testGenerator 函数主要是对测试图片进行规范，使其尺寸和维度上和训练图片保持一致。

```
1.  results =model.predict_generator(testGene,30,verbose=1)
```

以上代码是对测试结果进行预测，其中 30 是步数，表示在停止之前，来自于 generator 的总步数(样本批次)。可选参数 sequence 如果未指定，将使用 len(generator)作为步数。返回值是预测值的 Numpy 数组。最后保存结果。

```
1.  saveResult("data/membrane/result/",results)
```

可以在程序主目录下的 data/membrane/result/文件夹下查看图像分割结果，如图 8-18 所示。

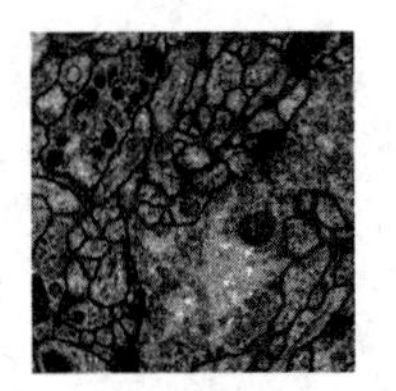
(a) 原图

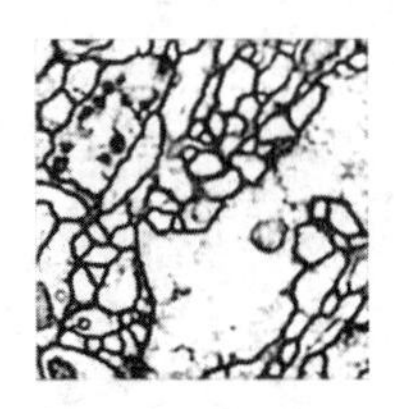
(b) 训练一回合

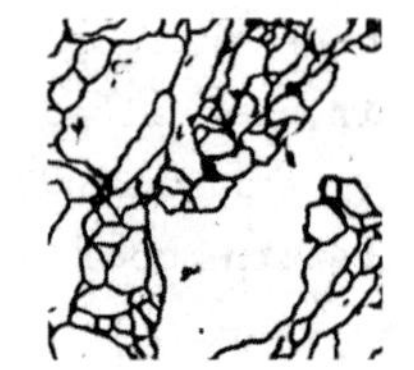
(c) 训练五回合

图 8-18 细胞壁检测结果

## 8.4 本章小结

本章介绍了图像分割技术的 3 种主要方法，分别基于图论、聚类和深度语义的方法展开，并进行了对比研究分析，给出案例进行讲解。虽然近年来图像分割的研究成果越来越多，但是由于图像分割本身所具有的难度使得研究并没有大的突破性进展，仍然存在两个主要问题：分别是没有一种普遍使用的分割算法和没有一个好的通用的分割评价标准。

## 思考题

(1) 在基于图论的方法进行图像分割中，案例是 GrabCut 前景提取，使用其他的图论方法来进行前景提取。

(2) 在基于聚类的方法进行图像分割中，案例是 SLIC 分割超像素，使用其他的聚类方法来进行。

(3) 在基于深度语义的方法进行图像分割中，案例是 U-Net 进行细胞壁检测，使用其他的深度语义方法来进行细胞壁检测。

# 第9章 基于深度学习的人脸识别

人脸识别技术和指纹、虹膜、掌纹、静脉等识别技术类似，隶属于生物识别技术的一种，主要使用人脸特征等信息来进行识别。人脸识别技术包括了采集训练图像数据集、人脸检测和提取人脸特征等过程。技术的不断发展和进步不断地促进现阶段人脸识别技术的不断改进和创新，而基于深度学习的人脸识别技术也逐渐应用到越来越多的领域和行业发展中。

人脸识别技术的研究开始于20世纪80年代，当时主要的研究主体是研究机构和高校。技术经历了算法研究→专业市场导入→技术完善→技术应用→各行业领域使用5个阶段，逐步从研究走向市场。自从2008年的北京奥运会上人脸识别技术首次亮相，从理论走向了应用，到2014年是技术的转折点，随后人脸识别技术如雨后春笋般出现在公众场合，并作为身份识别的手段之一。2018年则是人脸识别技术全面应用的重要节点，宣告了刷脸时代的正式到来，目前已广泛应用于安全防务、电子商务等领域。可以说正是深度学习技术，让计算机人脸识别能力超越人类的识别程度。

人脸识别问题宏观上分为两类：一类是人脸验证（又叫人脸比对）；另一类是人脸识别。

(1) 人脸验证做的是1∶1的比对，即判断两张图片里的人是否为同一人。最常见的应用场景便是人脸解锁，终端设备（如手机）只需将用户事先注册的照片与临场采集的照片做对比，判断是否为同一人，即可完成身份验证。

(2) 人脸识别做的是1∶$N$的比对，即判断系统当前见到的人，为事先见过的众多人中的哪一个。例如疑犯追踪、小区门禁、会场签到以及新零售概念里的客户识别等。这些应用场景的共同特点：人脸识别系统都事先存储了大量的不同人脸和身份信息，系统运行时需要将见到的人脸与之前存储的大量人脸做比对，找出匹配的人脸。

两者在早期（2012—2015年）是通过不同的算法框架来实现的，想同时拥有人脸验证和人脸识别系统，需要分开训练两个神经网络。2015年，Google的Facenet论文的发表改变了这一现状，将两者统一到一个框架里。

## 9.1 训练图像数据采集

### 9.1.1 训练图像数据源

人脸识别的精准度与数据集有很大的关系，数据集越符合规范精准度越高，数据集越嘈杂越容易造成神经网络训练时向错误的方向传播。例如，训练的目的是识别狗，然后一半数据集是猫咪，在进行测试时，可能会造成猫咪也识别成狗。所以一个好的测试数据是很重要的，当然数据量也要大。训练数据不可能是去网上随便找几张人脸图像，而是必须找到专门给人脸算法研究提供训练集的网站。

提供人脸数据库的有PubFig：Public Figures Face Database、Large-scale CelebFaces

Attributes(CelebA) Dataset、BioID Face Database——FaceDB、YouTube Face 等网站，在接下来的案例中，选取 PubFig：Public Figures Face Database 作为训练图像数据集。

它记录了大量人脸数据，里面包含了 200 个人的 58 000 多张图像。但是它不太适合做这么简单的人脸识别训练数据集，因为这些图像都存在姿势、表情和光照的差异，作为仅仅识别人脸的训练数据集不太合适，所以在这可以通过不断地筛选使得人脸数据集逐渐地适合案例中构建的神经网络。

### 9.1.2 爬取图像数据集

PubFig 数据集一共分为两大部分：一部分包含 60 个人的图像；另一部分包含另外 160 个人的图像。这两部分数据都分为两个文件记录：一个存储的是人的名字；另一个存储的是这些人的图像地址等信息。案例中使用的是包含 60 个人那部分的图像，这 60 个人一共有 16 336 张图像。

#### 1. 加载人脸数据文件

加载人脸数据文件包括 personName.txt 和 url.txt 两个文件，personName.txt 文件存储了所有人脸图像的名字，url.txt 文件存储了人名、图片序号、URL 地址、人脸坐标和 MD5 校验码。在拥有这两个文件的前提下可以通过 personName.txt 创建文件夹以存储即将下载的图片，然后读取 url.txt 文件。

加载 url.txt 文件，获取需要用到的数据，并把数据进行另外存储。

```
1.  #处理文件数据
2.  #从文件中读取人名和 url
3.  pic_data = []
4.  with open('../Preunder/data/url.txt') as f:
5.      for i in f.readlines():
6.          pic_data.append(i.strip('\r\n'))
7.
8.  new_data = []
9.  for data in pic_data:
10.     if len(data.split()) ==6:
11.         name, surname, _, url, coord, _ =data.split()   #名、姓、图片数量、url、人
                                                             脸坐标、md5 校验和
12.         new_data.append(name +' ' +surname +' ' +url +' ' +coord)
                                                  #返回 name surname+url+coord
13.
14. #写入文件里面
15. with open('../Preunder/data/url.data', 'w') as f:
16.     for i in new_data:
17.         f.write(i)
18.         f.write('\n')
19.
```

```
20. #从文件里面读:名、姓、url、人脸坐标
21. pic_data = []
22. with open('../Preunder/data/url.data') as f:
23.     for i in f.readlines():
24.         pic_data.append(i.strip('\r\n'))
25.
26. #从文件里面读名字
27. names = []
28. with open('../Preunder/data/personName.txt') as f:
29.     for i in f.readlines():
30.         names.append(i.strip('\r\n'))
```

**2. 下载与存储图像数据**

加载 url.txt 文件和 personName.txt 文件后，开始编写爬虫以爬取需要的图像数据。由于需要长时间爬取，虽然图像数据集来源于很多网站，但是为了防止它们同一个网站的图像聚集在一起而导致爬虫在此网站被封，所以要模拟浏览器、设置代理 IP 和动态头部，防止爬虫被网站封杀。

通过 urllibs 的 requests 获取图片，获取图片后需要对图片进行脸部截取，截取后使用 OpenCV 进行人脸检测，检测图像是否包含人脸，是否符合人脸识别的需要，因为不是每一张图片网站都能很完美地标注人脸的位置。

```
1. #通过 urllibs 的 requests 获取所有的图片
2. pic =urlretrieve(url=url, filename='../Preunder/data/newdata/' +name +'/%
   d.jpg' %count, reporthook=callbackfunc)
3. #截取图片
4. image =Image.open('../Preunder/data/newdata/' +name +'/%d.jpg' %count)
5. img =image.crop((int(coords[0]), int(coords[1]), int(coords[2]), int(coords
   [3])))
6. gray =cv2.cvtColor(faceimage, cv2.COLOR_BGR2GRAY)        #灰度化
7. face =cv2.resize(gray, (128, 128), interpolation=cv2.INTER_CUBIC)
                                                           #设置截图大小并截取
8. cv2.imwrite('../' +name +'/%d.jpg' %count, face)         #存储图像
```

**3. 训练图像数据整理**

下载好图像后就会发现，下载的图像并不能全部满足需求，例如一开始爬取到图像按照人脸坐标截取后发现并不是每张截取到的图片都有人脸。首先要做的就是针对下载好的图片进行筛选，筛选出从正面截取、不戴墨镜、头发不遮掩和能准确看出五官的图像。

由于爬取时间长使得 url.txt 文件的部分 URL 失效或链接无响应，最后获取的图像有 10 173 张，最后经过筛选只取了 6031 张人脸图像。

## 9.2 CNN 人脸识别设计

### 9.2.1 CNN 人脸识别设计方案

在进行卷积神经网络人脸识别时，首先需要获取足够的训练图像数据集，训练图像数据集越大人脸识别越精确。然后进一步对图像进行规范化，规范化就是统一尺寸大小、统一灰度化和贴上标签。由于卷积神经网络模型训练和测试时需要输入的数据均是同一大小和灰度化，所以规范化可以减少训练和测试时的工作。标签的目的是给模型测试时做对比的，确认识别的人脸是谁，识别是否正确。

在获取足够的训练图像数据后，开始搭建卷积神经网络，使用的是 Keras 函数库搭建卷积神经网络模型。卷积神经网络包含无数的卷积层、池化层、全连接层和激活函数，所以在搭建卷积神经网络模型时就需要搭建卷积层、池化层和全连接层，以及确定每一层的激活函数。

激活函数的存在是为了解决非线性方程数据，一般遇见的激活函数有 ReLU、Sigmoid、Tanh 和 Maxout 等，要保证激活函数可以微分，因为激活函数在误差反向传递时只有微分才可把数据传递回去。因此，神经网络的激活函数不可以随便选择，否则很容易出现梯度爆炸或梯度消失。卷积神经网络推荐的激活函数是 RuLU，循环神经网络推荐的激活函数是 RuLU 或 Tanh。

在确定卷积神经网络激活函数后，需要确定卷积神经网络模型的卷积层数，再进一步确定使用卷积层使用什么进行搭建，搭建时的滤波器数量是多少，滤波器数量就是此卷积层最后得到的特征数量，卷积核的行列数、边界模式等都需要进一步确定。在确定卷积层后还需要搭建池化层和全连接层。在搭建全连接层时第一层就把输入数据 $N$ 维抹平为一维，确定输出的特征数和选择的激活函数，除了第一层需要注意以外，最后一层也是值得注意的，最后一层需要使用 Softmax 分类函数把数据进行分类才能用于人脸识别。

基于 Python 实现 CNN 人脸识别，是使用 Python 实现神经网络搭建和图片预处理等过程，再使用 Keras 接口调用 Theano 或 TensorFlow 后端进行训练。

由此不难描绘出 CNN 人脸识别基本流程图，如图 9-1 所示。

### 9.2.2 CNN 图像处理

人工单元神经元的结构如图 9-2 所示，在卷积神经网络图像处理中神经网络会把输入的图像数据转化为矩阵数据，然后把矩阵数据逐个放入神经元中进行卷积运算。最左边的 $X_1 \sim X_n$ 是经过图像数据转化的矩阵数据，也就是平常所说的输入数据。把矩阵数据拆分为无数份，正是平常所说的卷积核。在此可以设置卷积核大小，也可以设置滤波器数量的多少，滤波器数量的选择影响卷积效果，数量太少容易造成提取的特征数不够，数量太多又容易造成神经网络不收敛。所以滤波器的选择至关重要，往往滤波器的数量是上一层的两倍。

其中，$X_1 \sim X_n$ 为神经元的输入，$W_1 \sim W_n$ 是权值，$b$ 为偏置标量，$c$ 为卷积值与偏置标量 $b$ 相加，$a$ 为神经网络输出，卷积值由输入数据和权值相乘求和得到，神经网络的输出 $a$

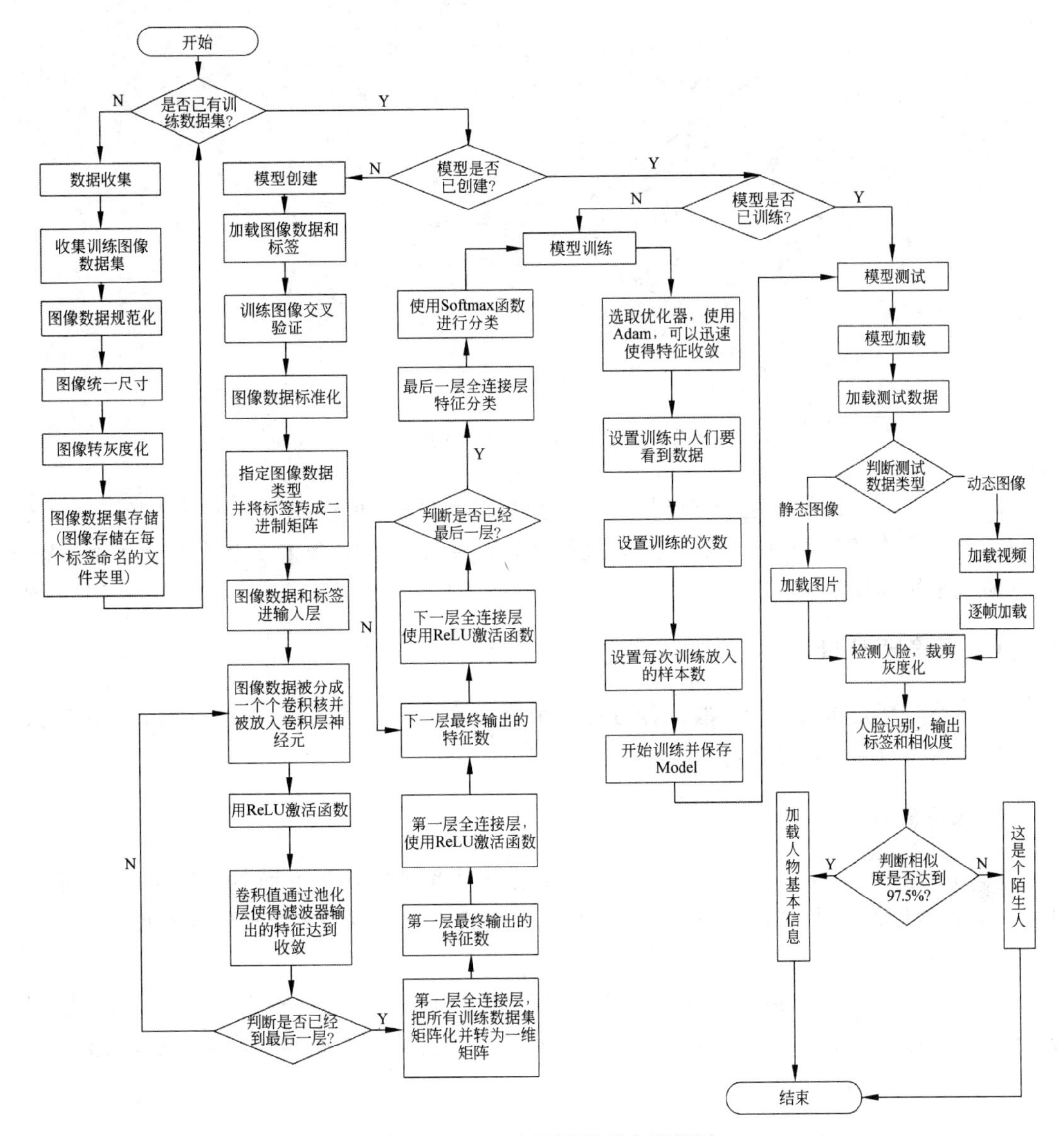


图 9-1　CNN 人脸识别基本流程图

是 $c$ 经过激活函数后输出的数据。向量表达公式见式(9-1)：

$$
\begin{aligned}
c &= \sum_{i=1}^{n} X_i W_i + b = X_1 \times W_1 + X_2 \times W_2 + X_3 \times W_3 + \cdots + X_n \times W_n + b \\
&= \left( (W_1, W_2, W_3, W_4, \cdots, W_n) \begin{pmatrix} X_1 \\ X_2 \\ X_3 \\ X_4 \\ \vdots \\ X_n \end{pmatrix} \right) + b = \boldsymbol{W}^{\mathrm{T}} \boldsymbol{X} + b
\end{aligned} \tag{9-1}
$$

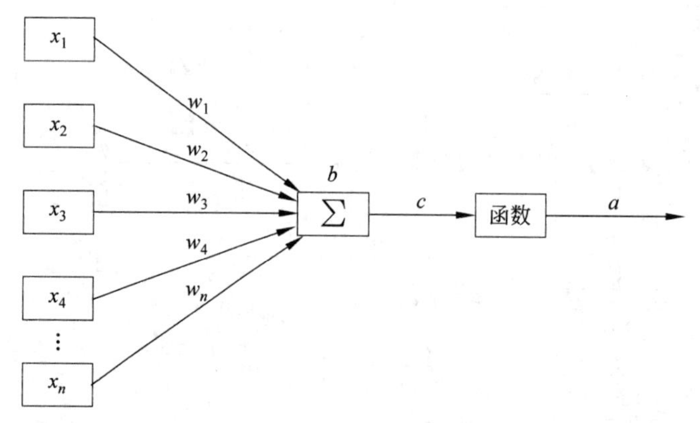


图 9-2 人工单元神经元的结构

$a=f(c)$，$c$ 等式最右边的是计算过程的向量表达形式，其中，$\boldsymbol{W}$、$\boldsymbol{X}$ 分别代表权值矩阵和输入数据矩阵，$W^{\mathrm{T}}$ 为 $\boldsymbol{W}$ 的转置矩阵，进行矩阵转置后实现 $\boldsymbol{W}$ 和 $\boldsymbol{X}$ 的逐个元素相乘叠加，其本质就是矩阵乘法。

### 9.2.3 图像预处理

图像预处理是将每一个人脸图像分拣出来后交给模型训练模块，在进行模型训练和人脸识别之前进行一些准备工作。

#### 1. 人脸检测

Python 里的 Dlib 和 OpenCV 都包含了图像处理和机器视觉方面的开源函数库，采用 Python 实现人脸识别可以使用这两个函数库，实现模型训练前的图像预处理和模型测试时的人脸检测。

Dlib 和 OpenCV 均包含了人脸检测接口。由于 Dlib 有比 OpenCV 抗遮挡的特性，因此数据预处理方面使用的是 Dlib 函数库。在摄像头人脸检测方面两者性能类似，图像裁剪可使用 OpenCV 函数库。

```
1.  #Dlib 人脸检测
2.  detector =dlib.get_frontal_face_detector()                #特征提取器
3.  grap =cv2.cvtColor(cv2image, cv2.COLOR_BGR2GRAY)           #图片转灰度图
4.  dets =detector(gray, 1)                                    #提取截图中所有的人脸
5.  #OpenCV 人脸检测
6.  face_cascade =cv2.CascadeClassifier('xxx.xml')
7.  gray =cv2.cvtColor(cv2image, cv2.COLOR_BGR2GRAY)           #图片转灰度图
8.  faces =face_cascade.detectMultiScale(gray, 1.3,, 5)        #提取截图中所有的人脸
```

#### 2. 数据随机分组

数据存储方式是放在一个大的文件夹中，所有图片均放在以图片上的人脸名字拼音为文件夹名的文件夹中，这就导致同一个人的照片集中在一处。在进行模型训练时如果不进

行随机分组，将会出现每次训练的均是同一个人图像的情况，容易出现过拟合。数据随机分组可以解决过拟合的情况。

Dropout 是专门用于神经网络正规化的方法，将数据集打乱随机分组：

```
1. X_train,X_test,y_train,y_test=train_test_split(train_data,train_target,
   test_size,random_state)
```

train_test_split 的功能是从样本中随机地按比例选取训练数据和测试数据；train_data 是进行训练的所有矩阵数据；train_target 是进行训练的数据标签集合；test_size 是属于样本占比，小数为训练数据的百分比，整数为训练数据的具体数目；random_state 是随机数种子。

```
1. train_test_split(imgs,labels,test_size=100,random.randint(0, 100))
```

### 3. 图像数据标准化

图像数据的标准化包括数据采集中的统一尺寸和统一转化灰度图，同时，把数据放入 Theano 或 TensorFlow 后端训练模型前也要进行数据的标准化。采集图像数据时同时裁剪和灰度化使得后面模型训练以及进行人脸检测和人脸识别时不需要进行这两步操作，简化了训练和识别过程。数据的标准化可以使得数据符合模型训练后端的数据要求。

```
1. if K.image_data_format() =='channels_first':
2.     #基于 Theano
3.     X_train =X_train.reshape(X_train.shape[0], 1, self.img_size, self.img_
       size)/255.0        #数值为 0~255,除以 255 图像化为 0~1
4.     X_test =X_test.reshape(X_test.shape[0], 1, self.img_size, self.img_size)
       / 255.0
5. else:
6.     #基于 TensorFlow
7.     X_train =X_train.reshape(X_train.shape[0], self.img_size, self.img_size,
       1)/255        #数值为 0~255,除以 255 图像化为 0~1
8.     X_test =X_test.reshape(X_test.shape[0], self.img_size, self.img_size,
       1)/255
```

### 4. CNN 人脸识别显示数据

人脸识别数据可以简单地分为两种：一种是静态图像；另一种是视频图像。静态图像可以直接加载图像数据，视频数据是来源于普通摄像头或者一段简单的视频图像。然后使用卷积神经网络模型训练出来的数据进行对比判断是谁的脸，判断的概率大小是 97.5%，即相似度达到 97.5%就确认是这个人，如果一直都没有达到 97.5%的就在人脸上显示特殊标记。

## 9.3　CNN 模型搭建

卷积神经网络可以粗略地分为三层：输入、输出和“黑盒”。“黑盒”的意思就是卷积神经网络不可见部分。卷积神经网络模型的搭建主要是在于“黑盒”部分，卷积神经网络为了显露“黑盒”部分，需要构建卷积层来代替它的每一层神经网络，每一层卷积层都需要有池化层和激活函数进行输出特征的收敛，最后使用全连接层和激活函数确定神经网络输出特征数。在这里使用的是八层网络结构，输入层、两层卷积层、两层池化层、两层全连接层和输出层，使用的激活函数是 ReLU，使用的分类函数是 Softmax 函数。

卷积神经网络的搭建使用的是 Keras 函数库，在 Theano 后端运行。使用 Keras 搭建卷积神经网络需要导入 Keras 相关的函数模块，包括了 keras. layers 模块里的 Dense、Activation、Conv2D、MaxPooling2D、Flatten、Dropout 模块，还包括 keras. models 里的 Sequential、load_model 模块。

在使用 Keras 搭建卷积神经网络之前需要先安装 HDF5 模块。

```
1. model =Sequential()        #建立 model:Sequential 为按顺序建立 model
```

## 9.3.1 搭建卷积层

使用 keras. layers 搭建卷积层有两种方法：一种是 Conv1D；另一种是 Conv2D。Conv1D 主要用于自然语言处理，Conv2D 主要用于计算机视觉，而且表面上 Conv1D 没有给出卷积大小，Conv2D 给出卷积大小。所以在此使用 Conv2D 搭建两层卷积层。

```
1.  #第一层
2.  self.model.add(
3.      Conv2D(
4.        filters=64,           #滤波器数量,最后出现多少层特征
5.        kernel_size=(4, 4),   #row,low
6.        padding='same',       #padding(边界)模式,为 valid 或 same
7.        dim_ordering='th',    #指明底层 backend 是 theano(th)还是 TensorFlow(tf)
8.                              #作为第一层需提供 input_shape 参数
9.        input_shape=self.modeldataset.X_train.shape[1:]
10.     )
11. )
12. #第二层
13. self.model.add(
14.     Conv2D(
15.       filters=128,
16.       kernel_size=(4, 4),
17.       padding='same'
18.     )
19. )
```

## 9.3.2 搭建池化层

**注意**：在使用 Keras 搭建神经网络时，只需要给第一层输入数据，后面层数的数据均来自于上一层神经网络，由于池化层是跟着卷积层添加到模型中的，所以池化层输入来源于上一层输出数据。只需要设置池化的核大小、池化的滑动步长和边界模式。使用

MaxPooling2D 搭建两层池化层。

```
1. #第一层
2. self.model.add(
3.     MaxPooling2D(
4.         pool_size=(2, 2),  #向下取样的长和宽
5.         strides=(2, 2),    #跳的长度和宽度
6.         padding='same'     #padding(边界)模式,为 valid 或 same
7.     )
8. )
9. #第二层
10. self.model.add(
11.     MaxPooling2D(
12.         pool_size=(2, 2),
13.         strides=(2, 2),
14.         padding='same'
15.     )
16. )
```

### 9.3.3　选取激活函数

激活函数解决的是线性方程不能概括的,例如,$y=\mathrm{AF}(Wx)$函数,在这里 AF 就充当了激活函数的角色,基于 Python 使用 Keras 搭建的神经网络有 ReLU、Sigmoid、Tanh 等几个比较火的激活函数。当然激活函数也可以自己创建,但是必须要保证激活函数可以微分,因为误差反向传递时只有可以微分的函数才可以把数据传递回去。少量层结构中,可以选择多种激活函数,CNN 推荐的激活函数是 ReLU 函数;RNN 推荐的激活函数可以是 ReLU 函数,也可以是 Tanh 函数。在此搭建的是卷积神经网络模型,所以使用 ReLU 函数作为激活函数。

### 9.3.4　选取优化器

优化器(Optimizer)的目的是加速神经网络训练,最基础的算法是随机梯度下降算法(Stochastic Gradient Descent,SGD)。正常情况下是把训练数据不断地放入神经网络中计算,这样计算机资源会消耗很大。SGD 是把一个数据分成很多小份,然后分批地放入神经网络中进行计算。

每次计算使用批量数据,虽然不能反映整体数据的情况,不过很大程度上加速了训练过程,而且不会丢失太多准确率。

当随机梯度下降算法还不能满足时,可以选择在参数上进行修改。

常用的几种优化器分别是 Momentum、AdaGrad、RMSProp 和 Adam。Momentum 优化器是由曲折线变为相对平滑的线,类似于给一个人安排下坡路。AdaGrad 优化器是在学习率上面进行更改,它的每一个参数的更新都会获得不同的学习效率,与 Momentum 类似:相当于一个人获得了一双不适合的鞋子,走起路来比较疼,所以逼着他走直线,那么就会少

走很多弯路。RMSProp 类似于 Momentum＋AdaGrad。Adam 能又快又好地达到目标迅速收敛。所以在此优化器使用 Adam 进行优化。

### 9.3.5 自定义损失函数

在确定优化器的情况下可以自定义损失函数,并添加指标来获得想要看到的更多结果。

```
1.  #添加指标获取想要的信息
2.  def train_model(self):
3.      #定义优化器的另一种方法
4.      rmsprop =RMSprop(lr=0.001,rho=0.9,epsilon=1e-08,decay=0.0)
                                                      #可以改参数
5.      #自定义损失函数
6.      self.model.compile(
7.          optimizer='adam',               #优化器
8.          optimizer=rmsprop,              #优化器
9.          #目标函数。即损失函数。binary_crossentropy:对数损失
10.         #categorical_crossentropy:多类的对数损失,需将标签转化为形如(nb_
            samples, nb_classes)的二值序列
11.         loss='categorical_crossentropy',
12.         metrics=['accuracy'])
```

### 9.3.6 设置参数调整学习效率

在确定卷积层数、池化层数、全连接层数、激活函数、优化器以及损失函数的情况,搭建好一个卷积神经网络模型,需要给各个关键位置设置参数。参数设置的好坏涉及学习效率的高低,参数设置得不好很容易造成学习效率低下。

参数的设置基于神经网络模型的层数,使用了两层卷积结构。其中卷积核大小和步长的大小都决定了最后输入的特征数。有研究表明,使用很多个小的卷积核叠加的效果比使用一个很大的卷积核的卷积效果强很多,不过要注意的就是卷积核太小会造成无法表示特征。

其次就是每轮训练的样本数(batch_size)的设置,batch_size 太小容易造成神经网络不收敛,batch_size 太大容易造成训练的计算机无法满足计算负荷。所以 batch_size 首先需要选取一个计算机能满足的数字,假如 batch_size 太小可以增加训练次数(epochs),epochs 的增加可以使得神经网络趋于收敛。

假如自定义优化器,那么也可以修改权重(lr)的值。一开始设置权重的初始值为 0.1,然后尝试训练,观察 loss 的变化,loss 一直变化微小或一直在大幅度增加就可以尝试把权重缩小为原来的 1/10。接着继续尝试训练观察 loss 直到趋于平常。

滤波器的大小选择也影响神经网络模型的学习效率,进一步影响测试精准度,一般卷积层滤波器数量均会是上一层的两倍。

训练图像数据集大小是 6031×128×128×0,即 6031 张人脸图像,每张图像大小是 128×128,并且每张图片均经过灰度化处理,不属于三原色任何一种,只留下光强和暗影。

128×128 转化成 $2^7\times2^7$,假如卷积核(kernel_size)设置为(4,4),跨步(strides)设置为(2,2),为了减少全连接层的参数数量,可以使用池化层,它可以有效地缩小参数矩阵的大小。其中池化核的大小一定要比卷积核要小,可以选择(2,2)或(3,3),并且其中跨步与卷积层必须相同,否则会报错。

全连接层特征数设置,$batch_size\times4\times4\times2^{(7-1)}=16\times64\times batch_size$,那么相当于1024×batch_size,在卷积核确定是(4,4)和图像大小为128×128的情况下,全连接层提取的特征数量要小于1024×batch_size,大小与神经网络每层的图像训练数量有关。

完整的神经网络模型如下:

```
1.  #建立 model:Sequential 为按顺序建立 model(一层一层来)
2.  self.model =Sequential()
3.  #标准卷积公式:Convolution1D 主要用于 nlp,Convolution2D 主要用于 cv
4.  #表面上 Convolution1D 没有给出卷积的大小,Convolution2D 给出了
5.  #第一层
6.  self.model.add(
7.      Conv2D(
8.          filters=64,                      #滤波器数量,最后出现多少层特征
9.          kernel_size=(4, 4),              #row,low
10.         padding='same',                  #padding(边界)模式,为 valid 或 same
11.
12.         #作为第一层需提供 input_shape 参数
13.         input_shape=self.modeldataset.X_train.shape[1:]
14.     )
15. )
16. self.model.add(Activation('relu'))   #激活
17. self.model.add(
18.     MaxPooling2D(
19.         pool_size=(2, 2),                #向下取样的长和宽
20.         strides=(2, 2),                  #跳的长度和宽度
21.         padding='same'                   #padding(边界)模式,为 valid 或 same
22.     )
23. )
24. #第二层
25. self.model.add(
26.     Conv2D(
27.         filters=128,
28.         kernel_size=(4, 4),
29.         padding='same'
30.     )
31. )
32. self.model.add(Activation('relu'))
33. self.model.add(
34.     MaxPooling2D(
```

```
35.         pool_size=(2, 2),
36.         strides=(2, 2),
37.         padding='same'
38.     )
39. )
40. #第一个全连接层
41. #把N维抹平为一维
42. self.model.add(Flatten())
43. #输入batch_size×row×col=1568,输出512,输出为自己设置的
44. self.model.add(Dense(2048))
45. self.model.add(Activation('relu'))
46. #第二个全连接层,输出:self.modeldataset.num_classes
47. self.model.add(Dense(self.modeldataset.num_classes))
48. #分类
49. self.model.add(Activation('softmax'))
50. self.model.summary()
```

### 9.3.7 训练 CNN 模型

训练模型的目的是为了使模型可以识别人脸,识别图像出现的人脸属于哪个文件夹里的?对应的标签数据是什么?所以需要加载训练文件,训练文件均贴着标签,标签就是文件夹名称,然后读取图片,才能进行训练。

```
1.  #输入一个文件路径,对其下的每个文件夹下的图片读取,并对每个文件夹给一个不同的标签
2.  #返回一个图片的集合,返回一个对应标签的集合,返回一下有几个文件夹(有几种标签)
3.  def readFile(path):
4.      img_list = []                       #图片
5.      label_list = []                     #标签
6.      dir_counter = 0                     #子目录夹数
7.      IMG_SIZE = 128                      #截取脸部大小
8.      #对路径下的所有子文件夹中的所有图像文件进行读取并存入一个集合中
9.      for child_dir in os.listdir(path):
10.         child_path = os.path.join(path, child_dir)
11.         for dir_image in  os.listdir(child_path):
12.             if endwith(dir_image,'jpg','JPG','png','PNG'):
13.                 img = cv2.imread(os.path.join(child_path, dir_image))
14.                 cv2image = cv2.cvtColor(img, cv2.COLOR_BGR2RGBA)
15.                 recolored_img = cv2.cvtColor(img, cv2.COLOR_BGR2GRAY)
                                                ##图片转为灰度图
16.                 resized_img = cv2.resize(recolored_img, (IMG_SIZE, IMG_SIZE))
                                                #截取脸部
17.                 img_list.append(resized_img)
18.                 label_list.append(dir_counter)
19.         dir_counter += 1
```

```
20.     #返回的 img_list 转成了 np.array 格式
21.     img_list = np.array(img_list)
22.     return img_list,label_list,dir_counter
```

以上程序会根据输入的训练图像数据集的路径获取所有图像的向量集合、标签集合和子文件夹数。图像的向量集合是一个模型训练预处理的一部分,同时标签集合也是模型训练中必不可少的部分数据,里面包含了文件夹的独特标记,可以用于后期的模型评估。

```
1. #epochs、batch_size 为可调的参数,epochs 为训练多少轮、batch_size 为每次训练多少个
   样本
2. self.model.fit(self.modeldataset.X_train,self.modeldataset.Y_train,epochs
   =30,batch_size=10)
```

模型训练是一个时间长久并能检测模型是否符合的一个手段。在训练中可以看到模型的整个训练过程,就是一个不断学习和纠正的过程。其中,loss 的变化至关重要,loss 的变化可以准确地反馈 CNN 模型的学习情况。loss 降低说明 CNN 模型学习到了东西,那么 loss 提高就说明 CNN 模型并没有学到任何东西。

在训练模型刚开始时,可以看到训练 CNN 模型的结构,如图 9-3 所示。

| Layer (type) | Output Shape | Param # |
|---|---|---|
| conv2d_1 (Conv2D) | (None, 1, 128, 64) | 131136 |
| activation_1 (Activation) | (None, 1, 128, 64) | 0 |
| max_pooling2d_1 (MaxPooling2 | (None, 1, 64, 64) | 0 |
| conv2d_2 (Conv2D) | (None, 1, 64, 128) | 131200 |
| activation_2 (Activation) | (None, 1, 64, 128) | 0 |
| max_pooling2d_2 (MaxPooling2 | (None, 1, 32, 128) | 0 |
| flatten_1 (Flatten) | (None, 4096) | 0 |
| dense_1 (Dense) | (None, 1024) | 4195328 |
| activation_3 (Activation) | (None, 1024) | 0 |
| dense_2 (Dense) | (None, 80) | 82000 |
| activation_4 (Activation) | (None, 80) | 0 |

Total params: 4,539,664
Trainable params: 4,539,664
Non-trainable params: 0

图 9-3　CNN 模型的结构

### 9.3.8 模型保存加载与评估

以下的代码为模型的保存和加载,保存在一个名为 model.h5 文件里。需要安装 HDF5 模块,才能识别.h5 文件。

```
1. model.save(file_path)
```

```
2. model =load_model(file_path)
```

评估模型是使用前面训练的度量来对模型进行评估，是一个评估训练出来的模型精准度的一个基本方法，以下代码会得到测试损失度和测试精准度。

```
1. loss, accuracy =self.model.evaluate(self.modeldataset.X_test, self.
   modeldataset.Y_test)
2. print('测试损失度:', loss)
3. print('测试精准度:', accuracy)
```

### 9.3.9 模型测试

模型测试只对要测试的图片和训练出来的模型进行加载，然后使用人脸检测函数对人脸进行检测，最后逐个识别所有人脸。

```
1.  import dlib
2.  import cv2
3.  detector =dlib.get_frontal_face_detector()
4.  face_cascade =cv2.CascadeClassifier('D:\opencv\sources\data\haarcascades\
    haarcascade_frontalface_alt.xml')
5.  IMAGE_SIZE =128
6.  def test_onePicture(path):
7.      model=trainFaceModel()
8.      model.load()
9.      img =cv2.imread(path)
10.     gray =cv2.cvtColor(img, cv2.COLOR_BGR2GRAY)  #图片转为灰度图
11.     dets =detector(gray, 1)                      #提取截图中所有人脸
12.     for i, d in enumerate(dets):                 #依次区分截图中的人脸
13.         x1 =d.top() if d.top() >0 else 0
14.         y1 =d.bottom() if d.bottom() >0 else 0
15.         x2 =d.left() if d.left() >0 else 0
16.         y2 =d.right() if d.right() >0 else 0
17.         ROI =gray[x1:y1, x2:y2]
18.         ROI =cv2.resize(ROI, (IMAGE_SIZE, IMAGE_SIZE), interpolation=cv2.
            INTER_LINEAR)
19.         label,prob =model.predict(ROI)       #利用模型对 cv2 识别出的人脸进行比对
20.         if prob >0.975:
21.             name_list =readNameList('../src/Preunder/data/cutdata')
22.             cv2.putText(img, name_list[label]+":"+str(prob), (x1, y1 -160),
                cv2.FONT_HERSHEY_SIMPLEX, 1, (255, 255, 255), 2)  #显示名字
23.             img =cv2.rectangle(img, (x2, x1), (y2, y1), (255, 255, 255), 2)
                                                     #在人脸区域画一个正方形
24.     #显示
25.     cv2.imshow('Image', img)
26.     c =cv2.waitKey(0) & 0xff
```

```
27.     cv2.destroyAllWindows()
28. if __name__ =='__main__':
29.     test_onePicture('../src/Preunder/data/newdata/LeiFengTest.jpg')
```

以上代码人脸识别 CNN 模型测试结果如图 9-4 所示。

图 9-4　人脸识别 CNN 模型测试结果

## 9.4　口罩佩戴识别增强

一般情况下,人脸识别技术很难识别戴口罩这种大面积遮挡情况。前面章节已经实战了通过 CNN 卷积出包括表征人脸的脸型、鼻子、眼睛、嘴唇、眉毛等的特征模型,对输入的图像提取出对区分不同人脸有用的特征向量,再通过特征向量在特征空间里进行比对。但佩戴口罩往往展现的面部特征较小,核验人员身份的主要难点如下。

(1) 超过半张脸以上的大面积遮盖,导致大量脸部特征出现异常,与训练采样的特征模型完全不匹配。

(2) 无法在短期间内收集大批量的佩戴口罩人脸图像训练集,算法训练难度很大。

为此,需要针对这些难点进行算法优化和训练集增强。首先,由于口罩而丢失了大量脸部特征,就只能够深挖未被遮盖区域的特征信息。在人脸识别的过程中会提取面部大量的特征点,而每个区域中特征点的分布以及包含的信息量并不均匀,例如眼部区域相比其他位置而言包含了更多的身份信息。通过将学习特征的注意力尽量聚焦到该特定空间位置,让算法更加关注对眼部区域的特征学习。从而就能将因为佩戴口罩、帽子等遮挡所带来的信息丢失尽量降低,从而能充分获取戴口罩人脸的身份信息。

其次,针对佩戴口罩的人脸图像数据集太小而不够用来训练的问题,一个传统的办法就是在现有的人脸图像上"贴"上口罩。但这样处理后的实验效果并不明显,原因是在真实场景中,人脸姿态会有左右侧面和仰俯角度变化,并且不同场景采集的图像存在一定的差异性。通过收集市面上常见的各种颜色、大小和样式的口罩进行三维立体建模,再基于人脸关键点进行 3D 图像定位贴合处理,与之前积累的正常未佩戴口罩人脸图片进行无缝融合,可以快速合成各种场景、海量真实的戴口罩训练照片。不仅解决了人脸姿态变化带来的口罩形变和遮挡问题,还生成了更加自然真实的照片。

## 9.5 本章小结

目前我国人脸识别技术的应用主要集中在考勤门禁、安防和金融三大领域。除了以上三大领域外,大数据领域也是一个重要方向,广泛用于交通管理、人物情报和公共安全等。本章从训练图像采集、CNN 人脸识别设计、CNN 模型搭建等步骤,展开人脸识别的综合案例讲解。

## 思考题

(1) 案例底层使用 Keras 接口调用 Theano 进行训练,如何修改成使用 TensorFlow 进行训练。

(2) 本章使用了 ReLU 激活函数和 Softmax 分类函数,可以尝试使用 Sigmoid、Tanh、Maxout 或自定义激活函数,然后总结这些激活函数的特点。

(3) 本章涉及的人脸检测一共有两种方法,分别是 Dlib 和 OpenCV,请问两者有什么区别?

(4) 卷积核和池化核大小如何确定?假如图片是 64×64,那么卷积核、池化核和跨步的参数如何设置?

(5) 调整案例参数,提高准确率。

# 第10章　基于深度学习的文本自动生成

相信未来有一天，计算机能够像人类一样会写作，能够撰写出高质量的自然语言文本。文本自动生成就是实现这一目的的关键技术。按照不同的输入划分，文本生成可包括文本到文本的生成、意义到文本的生成、数据到文本的生成以及图像到文本的生成等。

文本自动生成是自然语言处理(Natural Language Processing，NLP)领域的一个重要研究方向，实现文本自动生成也是人工智能走向成熟的一个重要标志。文本自动生成技术极具应用前景。例如，可以应用于智能问答与对话、机器翻译等系统，实现更加智能和自然的人机交互；可以通过文本生成小说和诗歌等艺术作品；可以通过文本自动生成系统替代编辑实现新闻的自动撰写与发布，最终将有可能颠覆新闻和出版行业；甚至可以帮助学者进行学术论文撰写，进而改变科研创作模式。

在自然语言处理领域的前沿研究正在迅猛发展，近几年已产生了若干具有国际影响力的成果与应用。由于深度学习具有更复杂的分布式表示、更精细的功能块模块化设计(如层级注意力机制)和基于梯度的高效学习方法，它已经成为解决越来越多自然语言处理问题的主要范式和先进方法，广泛应用于相关领域，例如语音翻译、对话系统、词法分析、语法分析、知识图谱、机器翻译、问题回答、情绪分析、社会计算以及自然语言生成。

本章主要讲解文本到文本的生成。该技术主要是指对给定文本进行变换和处理从而获得新文本的技术，具体来说包括文本摘要(Document Summarization)、句子压缩(Sentence Compression)、句子融合(Sentence Fusion)和文本复述(Paraphrase Generation)等。文本摘要，主要是通过自动分析给定的文档或文档集，摘取其中的要点信息，最终输出一篇短小的摘要，目的是通过对原文本进行压缩、提炼，为用户提供简明扼要的内容描述；句子压缩，基于一个长句生成一个短句，在语句通顺的情况下保留长句中的重要信息；句子融合，是合并两个或多个包含重叠内容的相关句子得到一个句子；文本复述，是通过对给定文本进行改写，生成全新的复述文本，要求输出文本与输入文本在表达上有所不同，但表达的意思基本相同。接下来以五言律诗的生成为例讲解文本生成。

## 10.1　训练文本数据采集

### 10.1.1　训练文本数据源

五言律诗的生成采用的是文本到文本的文本复述技术，即通过输入的文本生成新的文本，在输出的表达上各有不同，但是其结构基本相同。因此，五言律诗的自动生成输入的训练数据集也是五言律诗，由于五言律诗属于文学作品，在图书馆类型网站也可找到，例如360个人图书馆(http://www.360doc.com)、百度文库(https://wenku.baidu.com)、短美文网(http://www.duanmeiwen.com)等。当然,把训练数据集换成小说也是可以的,小说的数据源可以在 Github(https://github.com/JinpengLI/chinese_text_dataset)网站下载。

### 10.1.2 训练文本数据整理

下载好文本数据后会发现内容类似如下这种:

```
1. 秋浦歌 唐 李白?
2. 炉火照天地,红星乱紫烟。
3. 赧郎明月夜,歌曲动寒川。
4. 玉阶怨 唐 李白
5. 玉阶生白露,夜久侵罗袜。
6. 却下水晶帘,玲珑望秋月。
7. 相思 唐 王维
8. 红豆生南国,春来发几枝。
9. 愿君多采撷,此物最相思。
```

下载的文本数据包含了诗歌名和作者名,这部分不是训练数据集想要的部分。所以就要对下载后的数据集做一些处理。观察已有的数据后可以发现诗歌名和作者均在同一行上,只要找到那一行就可以对数据集进行简单的清理。

```
1.  import re
2.  with open('../src/data/poem5.txt', encoding='utf-8') as f:
3.      f2 =open('../src/data/poem5final.txt', 'w', encoding='utf-8')
4.      line =f.readline()
5.      while line:
6.          if len(line)>=12:
7.              print(line)
8.              f2.write(line)
9.          line =f.readline()
10.     f2.close()
11.     f.close()
```

运行以上代码可得如下内容。

```
1. 炉火照天地,红星乱紫烟。
2. 赧郎明月夜,歌曲动寒川。
3. 玉阶生白露,夜久侵罗袜。
4. 却下水晶帘,玲珑望秋月。
5. 红豆生南国,春来发几枝。
6. 愿君多采撷,此物最相思。
```

## 10.2 LSTM 五言律诗自动生成设计

在进行长短期记忆网络五言律诗自动生成时,首先需要获取足够的训练五言律诗数据集。训练的五言律诗数据集越大,五言律诗自动生成的多样性就越多。获取到足够的训练五言律诗数据集后，进一步对五言律诗数据集进行规范化，规范化就是确保训练数据集只包含五言律诗，每一句诗歌均是五言律诗。

在获取到足够的训练五言律诗数据后，开始搭建长短期记忆网络，使用的是 Keras 函数库搭建长短期记忆网络模型。长短期记忆网络包含输入层、LSTM 层、全连接层和输出层。当然，每层之间会有一层 Dropout 正则化。

确定好层数后，进一步确定输出维度是多少，输出张量是属于 3D 还是 2D，以及激活函数是 ReLU 函数还是 Tanh 函数。每层之间的 Dropout 正则化参数是多少，以及全连接层的激活函数是什么。最值得注意的是只有第一层需要输入数据，后面的网络层的输入来源于上一层。

基于深度学习的诗歌自动生成，是使用 Python 实现神经网络搭建和文本数据预处理等过程，再使用 Keras 接口调用 Theano 或 TensorFlow 后端进行训练。

### 10.2.1　文本预处理

文本预处理就是统计文本训练数据的长度、训练数据的字库及长度，以及创建唯一字符到整数的映射和反向映射。

```
1.  """数据预处理"""
2.  #汇总加载数据
3.  len_seq =len(seq_chr)                                #语料长度
4.  chr_set =set(seq_chr)                                #字库
5.  len_chr =len(chr_set)                                #字库长度
6.  print("总字符: ", len_seq)
7.  print("总字库: ", len_chr)
8.  chr_ls =Counter(list(seq_chr)).most_common(len_chr)
9.  chr_ls =[i[0] for i in chr_ls]
10. #创建唯一字符到整数的映射和反向映射
11. chr2id ={c: i for i, c in enumerate(chr_ls)}        #文字到数字的映射
12. id2chr ={i: c for c, i in chr2id.items()}
13. seq_id =[chr2id[c] for c in seq_chr]                 #文字序列→索引序列
```

### 10.2.2　文本数据标准化

五言律诗文本数据的标准化包括数据采集后的诗歌名删除、作者名删除和多余的标点符号删除。理论上来讲，最后的数据集只包含五言律诗，诗歌的标点符号只包含有“，”“；”和“。”。同时文本数据放入输入层之前也要进行数据的标准化，下方代码的 x 和 y 就是经过标准化的数据。

```
1.  reshape =lambda x: np.reshape(x, (-1, window, 1)) / len_chr
2.  x =[seq_id[i: i +window] for i in range(len_seq -window)]
3.  x =reshape(x)
4.  y =[seq_id[i +window] for i in range(len_seq -window)]
5.  y =to_categorical(y, num_classes=len_chr)
```

```
6. print('x.shape', x.shape, 'y.shape', y.shape)
```

### 10.2.3 LSTM 模型搭建

长短期记忆网络的搭建使用的是 Keras 函数库进行搭建，在 Theano 后端运行。使用 Keras 搭建长短期记忆网络需要导入 Keras 相关的函数模块，包括 keras.layers 模块里的 Dense、LSTM、Dropout 模块，还包括 keras.models 里的 Sequential、load_model 模块和 keras.utils 的 to_categorical、np_utils 模块。完整的网络模型搭建如下：

```
1. model =Sequential()
2. model.add(LSTM(output_dim=256,
3.                input_shape=(x.shape[1], x.shape[2]),
4.                return_sequences=True,
5.                activation='tanh'))
6. model.add(Dropout(0.2))
7. model.add(LSTM(output_dim=256, activation='tanh'))
8. model.add(Dropout(0.2))
9. model.add(Dense(y.shape[1], activation='softmax'))
10. model.compile(optimizer='adam',
11.               loss='categorical_crossentropy',
12.               metrics=['accuracy'])
```

首先使用 Sequential 函数定义模型的创建是自上而下的，然后再逐层搭建。

LSTM 层里 input_dim 表示输出维度，input_shape 表示输入，值得注意的是仅仅第一层需要输入，其他层的输入来源于上一层的输出，return_sequences 表示返回的张量，当等于 True 时，说明返回的是 3D 张量，否则说明返回的是 2D 张量，activation 就是大家都熟悉的激活函数。

Dropout 正则化可以说是 Keras 减少过拟合的一个重要函数，也是最简单的神经网络正则化方法。其原理非常简单粗暴，就是任意丢弃神经网络层中的输入，该层可以是数据样本中的输入变量或来自先前层的激活。Dropout 能够模拟具有大量不同网络结构的神经网络，并且反过来使网络中的节点更具有鲁棒性。在创建 Dropout 正则化时，可以将 dropout rate 设为某一固定值，当 dropout rate=0.8 时，实际上，保留概率为 0.2(建议将 dropout rate 参数设置为 0.2)。

### 10.2.4 训练 LSTM 模型

训练模型的目的是为了使模型可以自动生成诗歌，直接读取数据，并把输入数据标准化后放入模型中训练，然后把训练结果保存在.hdf5 文件中。

```
1. """语料加载"""
2. with open(corpus_path, encoding='utf-8') as f:
3.     """诗歌语料加载(所有语句均拼接起来)"""
4.     seq_chr =f.read().replace('\n', '')
5. """训练"""
```

```
6.  for e in range(times):
7.      model.fit(x, y, batch_size, epochs, verbose=0)
8.      model.save(filepath)
```

fit 函数中的 batch_size 为每次训练的样本数，epochs 为训练轮数。

## 10.3 测试 LSTM 模型

说到 LSTM 测试，有两个问题需要思考清楚：一个是如何生成序列数据；另一个是如何定义采样方法。

### 10.3.1 生成序列数据

用深度学习生成序列数据的通用方法就是使用前面的标记作为输入，训练一个循环网络或卷积网络来预测序列中接下来的一个或多个标记。标记（Token）通常是字或词语（单词或字符），给定前面的标记，能够对下一个目标的概率进行建模的任何网络都叫语言模型（Language Model）。语言模型能够捕捉到语言的潜在空间（Latent Space），即语言的统计结构。

通常文本生成的基本策略是借助语言模型，这是一种基于概率的模型，可根据输入数据预测下一个最有可能出现的词，而文本作为一种序列数据（Sequence Data），词与词之间存在上下文关系，所以使用循环神经网络（RNN）基本上是标配。在训练完一个语言模型后，可以输入一段初始文本，让模型生成一个词，把这个词加入输入文本中，再预测下一个词。使用语言模型生成文本的过程如图 10-1 所示。

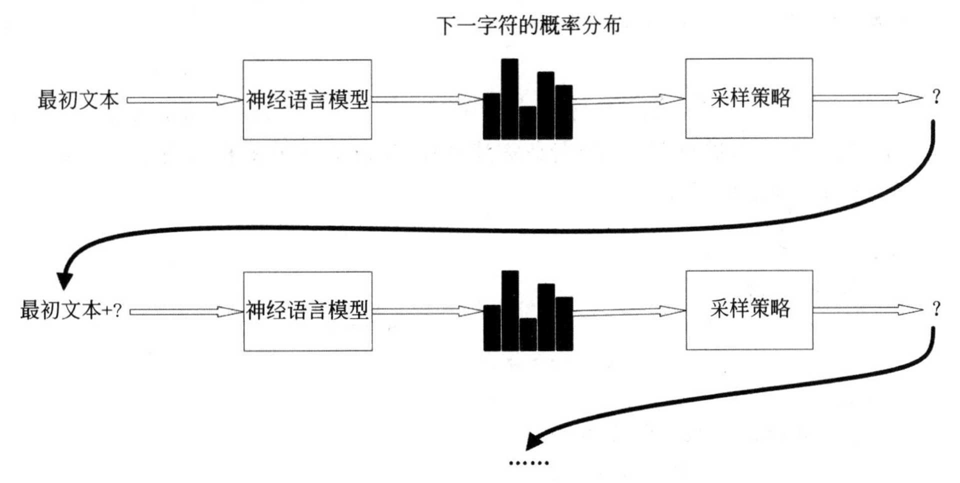


图 10-1 使用语言模型生成文本的过程

### 10.3.2 定义采样方法

生成文本时，如何选择下一个字符至关重要。一种简单的方法就是贪婪采样（Greedy Sampling），即始终选择可能性最大的下一个字符。但这种方法会得到重复的字符串，看起来不像连贯的语言。还有一种就是随机采样，在采样过程中引入随机性，即从下一个字符的概率分布中进行采样。随机采样会根据模型结果来进行选择，如果下一个字符是“棒”的概率是 0.4，那么就会有 40%的概率选择它。

从模型的 Softmax 输出中进行概率采样是一种特别巧妙的方法，甚至可以在某些时候采样到不常见的字符，从而生成看起来更有趣的句子，而且有时候会得到训练数据中没有的并且听起来像真实存在的新词语，进而表现出创造性。但是，这种方法有一个问题，就是采样过程中的随机性无法控制。

为了采样过程中随机性可控，可以引入 Softmax 温度的参数，用于表示采样概率分布的熵，即表示所选择的下一个字符会有多么的出人意料或多么的可预测。给定一个 temperature 值对原始概率分布(即模型的 Softmax 输出)进行重新加权，计算得到一个新的概率分布。

```
1.  """随机采样:对概率分布重新加权"""
2.  def draw_sample(predictions, temperature):
3.      pred =predictions.astype('float64')          #提高精度防报错
4.      pred =np.log(pred) / temperature
5.      pred =np.exp(pred)
6.      pred =pred / np.sum(pred)
7.      pred =np.random.multinomial(1, pred, 1)
8.      return np.argmax(pred)
```

更高的温度得到的是熵更大的采样分布，会生成更加出人意料、更加无结构的生成数据，而最低的温度对应更小的随机性，以及更加可预测的生成数据。

```
1.  for t in (None, 1, 1.5, 2):
2.    predict(t)
```

以上代码表示当 t 等于 None 时才是贪婪采样，其他的 1、1.5、2 均是温度。接下来对模型进行测试，从 4 个方面进行测试，分别是贪婪采样、温度为 1 的随机采样、温度为 1.5 的随机采样和温度为 2 的随机采样。

```
1.  def predict(t, pred=None):
2.      if pred is None:
3.          randint =np.random.randint(len_seq -window)
4.          pred =seq_id[randint: randint +window]
5.      if t:
6.          print('随机采样,温度:%.1f' %t)
7.          sample =draw_sample
8.      else:
9.          print('贪婪采样')
10.         sample =np.argmax
11.     for _ in range(window):
12.         x_pred =reshape(pred[-window:])
13.         y_pred =model.predict(x_pred)[0]
```

```
14.          i = sample(y_pred, t)
15.          pred.append(i)
16.      text = ''.join([id2chr[i] for i in pred[-window:]])
17.      print('%s' %text)
```

知道采样方法后，即可开始对模型进行测试。

```
1.  if __name__ == '__main__':
2.      for t in (None, 1, 1.5, 2):
3.          predict(t, seq_id[-window:])
4.      while True:
5.          title = input('输入标题:').strip() + '。'
6.          len_t = len(title)
7.          randint = np.random.randint(len_seq - window + len_t)
8.          randint = int(randint // 12 * 12)
9.          pred = seq_id[randint: randint + window - len_t] + [c2i(c) for c in title]
10.         for t in (None, 1, 1.5, 2):
11.             predict(t, pred)
```

输出结果如图 10-2 和图 10-3 所示。

```
贪婪采样
不知不可见，不见不可归。不见何处去，不日不相待。
随机采样，温度：1.0
朱达四相达，不岳谓门丛。能食奉云意，弄书好路游。
随机采样，温度：1.5
帆鳞燕面寒，罢处遂郡好。客恩投此根，知时说栖子。
随机采样，温度：2.0
望战低德卧，沉雪愿镜人。衣夜得韵霞，众游对台衔。
```

图 10-2　无输入标题生成五言律诗

```
输入标题:学习
贪婪采样
一处不可见，郎与不可归。不知无时去，不日不能知。
随机采样，温度：1.0
喧间无双牵，同独有未还。谁居巢极竹，为客薄苍前。
随机采样，温度：1.5
音南孤落色，起舟中士长。少落横人洛，清思在阙开。
随机采样，温度：2.0
湖莺繁池气，彼须易古洞。形黄共客月，堂我侣凤承。
```

图 10-3　按输入标题生成五言律诗

以上采用是的长短期记忆网络搭建的模型，在 10.3.1 节中也说明了，卷积神经网络也可以实现文本的自动生成，以下给出简单的 CNN 模型搭建，只要用以下代码替换 LSTM 模型部分的代码即可。

```
1.  model = Sequential()
2.  model.add(Conv1D(filters, kernel_size * 3, activation='relu'))
3.  model.add(MaxPool1D())
```

```
4. model.add(Conv1D(filters * 2, kernel_size, activation='relu'))
5. model.add(GlobalMaxPool1D())
6. model.add(Dense(len_chr, activation='softmax'))
7. model.compile(optimizer='adam', loss='categorical_crossentropy', metrics=
   ['accuracy'])
```

## 10.4 本章小结

本章主要介绍如何通过文本到文本的文本复述技术，进行基于深度学习的文本自动生成。文本复述技术的现有方法能够为给定的文本生成具有较小差异的复述文本，但是难以有效生成具有很大差异的高质量复述文本。原因在于对改写甚多的复述文本而言，难以保证生成文本与原文本的语义一致性，也难以保证生成文本的可读性。

## 思考题

(1) LSTM 模型搭建中为什么使用的激活函数是 Tanh 激活函数而不是 ReLU 激活函数？

(2) 不同采样方法在测试时输出不同，原因是什么？

(3) 本章实现了五言律诗自动生成，如果把数据集换成文章、小说或歌曲，该如何修改训练数据的标准化，使得模型可以生成文章、小说或诗歌呢？

# 第 11 章　深度学习展望

通过之前章节的学习，读者应该对深度学习有了一定的了解，如基本概念、相关神经网络的类型，涉及的主要框架和算法，以及实战中的应用案例等内容，并且掌握了一部分软件开发技能。本章将试图对深度学习进行展望，希望读者能够一直保持对深度学习的旺盛兴趣，伴随技术发展而一直前进。

## 11.1　深度学习的探索方向

网络将全世界连接到一起，与此同时也让海量的数据连接到一起。深度学习正是依托这些海量数据，才能实现自我寻找特征量、建立新的学习模型。硬件算力和软件算法的进一步飞跃，以 AlphaGo 为代表的深度学习技术的突破，或将开启弱人工智能向强人工智能的进化之旅。

### 11.1.1　设计更好的深度学习框架

现下 TensorFlow 是谷歌公司旗下的一款深度学习框架，它拥有高度的灵活性和易用性，所以它很快就得到了广大用户群体的拥护和喜爱，其名字的含义是为了说明其数据流图计算的由来，也就是张量从流图是一端流动到另一端的计算过程。其应用可谓非常广泛，涉及语音识别、图像处理和自然语言处理等，不得不说 TensorFlow 是一款既实用又流行的学习框架。在图像处理中顶尖的要属 Caffe，其框架专注于图像领域，其优势在于快——训练速度快，稳——卷积、激活、池化执行中稳。还有一款框架 Theano，拥有数值计算的优势。

现在的深度学习框架可谓“百花齐放，百家争鸣”，当然远远不止以上提到的几款框架。在技术发展的滚滚洪流中，一定能超越这些框架，设计出更好、更利于使用的深度学习框架。

### 11.1.2　发现更好的网络模型

最早被人们熟知并且运用于实际的应该要属卷积神经网络。它被设计用来处理多维数组数据，很早就被用在自然图形中的物体识别如人脸识别，后来更被成功地大量用于检测、分割、物体识别等各个领域。接着人们又开始设计和发现新的网络模型，如循环神经网络，对于文字和语音等涉及序列输入的任务，处理起来都有很好的效果，是非常强大的动态系统。在发现 RNN 的短板后，为了克服其不足，又出现了长短期记忆网络(LSTM)，其在机器翻译中表现良好，比传统的 RNN 更加有效。后来出现的生成对抗网络(GAN)也深受人们的喜爱，可用于模仿多种应用场景，表现水平日渐出色。

在网络模型上，将来肯定会发现比这些现有更好的设计方案。在这方面还会有长远的发展，对于现有的模型可以根据其缺点进行更好地改造和更新，对于未发现的网络模型，可以跟着技术发展的脚步一步步去探索和发现。

## 11.2 深度学习的应用场景展望

现在的社会正处在一个深度学习时代。技术的发展简直是无限的，甚至难以预测，已经并且正在迅速改变思想认识和现实世界。研究人员正在不断挖掘深度学习的价值，一边以其为主力开创新兴领域，一边尝试将其实现到各个传统领域。下面简要地以教育、金融、医疗和文艺等领域为例，对应用场景进行展望。

### 11.2.1 教育领域

深度学习引入教育领域是一个趋势，用于分析对教学有利的知识和信息，并探索出具有实际意义的教育规律和模式，对于学生更深层次的理解和更好的培养方式方面都有巨大好处。

深度学习在教育领域是一种主动学习，可以批判性地学习和掌握知识，建立起新旧学习之间的关联。深度学习可以通过学习目标、制定学习方案、优化教学策略，促进学习者快速接收与掌握知识。深度学习还可以立足于教育大数据的背景，对学习者进行合理化的学习预测，并找出潜在存在的问题，制定出合理方案，进行合理化干预，以达到更好学习的目的。对于学习者的管理，也可以利用大数据采集各种教学数据，通过深度学习分析大数据，建立有效模型洞悉学习者的学习状况，进而有针对性地制定精准化的教学方案。

深度学习可以运用于教育的方方面面，对于教育领域的发展影响卓见成效，既带来了机遇也带来了挑战。希望深度学习的运用能够越来越成熟，起到更精准化的作用。

### 11.2.2 金融领域

深度学习时代的来临，也给金融领域带来冲击。深度学习已经潜入金融领域深处，犹如一块巨石被投入金融领域的湖中央，溅起了惊涛骇浪。深度学习在金融领域的两个方面已经起到重大作用：一方面是在金融市场预测方面，带来了不停优化进步的预测分析方法，推动了传统数据分析方法的改进；另一方面是在金融领域实证范式的研究，其研究成果也在一定程度上推动了金融理论的发展与完善。大数据时代所带来的更多维度的数据，有利于深度学习技术更精细地进行用户画像从而挖掘出有效的特征，轻松颠覆了无数的银行家、金融工程师、数据分析师、金融从业者百余年来在金融产品迭代升级和风险控制方面的传统成熟方案。

在接下来的岁月中，深度学习的发展一定会激励致力于在金融领域的研究学者中各个方面的研究，而不仅仅是以上提到的两个方面，其发展能够更好地造福于金融领域。

### 11.2.3 医疗领域

深度学习实践者在医疗领域已经投入了很多努力，但是仍不见显著成效，其困难不仅仅在于几门学科的结合，更多地在于融合在一起后，运用于实践相当困难。因为医疗领域实在是过于特殊，实验不能出错，一旦出错不仅仅是程序的错误那么简单，而是危及人的生命。现在的深度学习还不够完善，例如基于深度学习的人工智能病例诊断系统在病理诊断中依然存在失真的情况,但是在医学角度,诊断的结果是不允许失真的,不容出一点错误。

因此,虽然已经有部分医疗领域下深度学习的成果,但是要将其普及给人们使用,还远远达不到要求。深度学习在这方面依然会不断进步和发展,希望能在不远的将来,能给人们带来福音。

### 11.2.4　文艺领域

在文艺领域,深度学习运用在写诗、作曲、绘画等方面。在这方面它显然还不能取代人类,因为文艺方面的东西,不仅仅是流于表面的形式优美,而更加是注重一种情感的抒发。因此,深度学习在文艺方面的发展任重道远,但是如果仅仅是为了消遣又另当别论。例如现在有输入关键字就能根据这几个字写诗的网站,能够根据输入的关键字,书写绝句、藏头诗、词等,十分出彩。又如,深度学习还可以通过训练成千上万的样本,进而创作出各种风格的歌曲。

### 11.2.5　无人服务

在无人驾驶方面,近年来,随着市场对汽车智能化的需求不断提高,"无人驾驶"一词在人们眼前频频出现,巨大的社会价值和经济价值也愈发凸显。尽管越来越多的科研机构、制造商等都积极投身于此,但是实现完全的无人驾驶的车辆还尚未正式批量生产,目前已有一些研究成果在各大城市试运行。

在无人商店方面,其目的是为了完全实现智能化、自动化。尽管市场上已有首创,但是推广很难,一方面是技术方面还不够成熟,如识别算法中会出现误判;另一方面是投资的成本太高,归根结底还是技术不够成熟。

可见,在无人服务这方面,深度学习的发展还有很大的空间,无人服务技术的成熟将给人们带来革命性的改变。

## 11.3　本章小结

本章是本书的最后一章,对深度学习未来的发展进行了展望,作为本书的总结。其中,主要对深度学习的探索方向与发展领域,如深度学习的框架、可用来训练的网络模型等;然后对深度学习的应用场景进行了展望,如教育、金融、医疗、文艺等领域。即使在这些场景下,还存在巨大的进步空间和发展空间;何况还有太多的传统领域,都在等待深入结合甚至直接颠覆。

随着现有计算架构下的运算能力得到极大提升,新一代的量子计算、神经元理论等已经开始接近实用,人工智能正在取得一系列突破性发展,深度学习主导的新技术革命也呼之欲出。希望有兴趣的研究学者和开发人员能够继续致力于在深度学习领域的开疆拓土,积极投身新一轮发展浪潮,到社会最需要的地方去,广阔空间大有作为!

# 参 考 文 献


[1] Goodfellow I,Bengio Y,等. 深度学习[M].赵申剑,等译.北京：人民邮电出版社,2017.

[2] 黄昕,赵伟,等.推荐系统与深度学习[M].北京：清华大学出版社,2018.

[3] 林大贵.TensorFlow+Keras深度学习人工智能实践应用[M].北京：清华大学出版社,2018.

[4] 郑泽宇,梁博文,顾思宇.TensorFlow：实战Google深度学习框架[M].2版.北京：人民邮电出版社,2018.

[5] 阿斯顿.张,李沐,等. 动手学深度学习[M].北京：人民邮电出版社,2019.

[6] 陈屹.神经网络与深度学习实战[M].北京：机械工业出版社,2019.

[7] 魏秀参.解析深度学习：卷积神经网络原理与视觉实践[M].北京：电子工业出版社,2018.

[8] 龙飞,王永兴.深度学习入门与实践[M].北京：清华大学出版社,2017.

[9] 陈仲铭,彭凌西.深度学习原理与实践[M].北京：人民邮电出版社,2018.

[10] 张若非,富强,等.深度学习模型及应用详解[M].北京：电子工业出版社,2019.

[11] 艾哈迈德·曼肖伊.深度学习案例精粹[M].洪志伟,曹檑,廖钊坡,译.北京：人民邮电出版社,2019.

[12] 李金洪.深度学习之TensorFlow：入门、原理与进阶实战[M].北京：机械工业出版社,2019.

[13] 弗朗索瓦·肖莱.Python深度学习[M].张亮,译.北京：人民邮电出版社,2018.

[14] 山下隆义.图解深度学习[M].张弥,译.北京：人民邮电出版社,2018.

[15] 高志强,黄剑,等.深度学习：从入门到实战[M].北京：中国铁道出版社,2018.

# 图书资源支持

感谢您一直以来对清华版图书的支持和爱护。为了配合本书的使用，本书提供配套的资源，有需求的读者请扫描下方的“书圈”微信公众号二维码，在图书专区下载，也可以拨打电话或发送电子邮件咨询。

如果您在使用本书的过程中遇到了什么问题，或者有相关图书出版计划，也请您发邮件告诉我们，以便我们更好地为您服务。

资源下载、样书申请

书圈

扫一扫，获取最新目录

课 程 直 播


**我们的联系方式：**

地　　址：北京市海淀区双清路学研大厦 A 座 701

邮　　编：100084

电　　话：010-83470236　010-83470237

资源下载：http://www.tup.com.cn

客服邮箱：2301891038@qq.com

QQ：2301891038（请写明您的单位和姓名）


**用微信扫一扫右边的二维码，即可关注清华大学出版社公众号“书圈”。**